Takuma先生の
電験電卓講座
～電験3種編～

宅間 博之 著

電気書院

はじめに

　本書では主に知っておいてほしい電卓の機能や操作方法について，8つの講座としてまとめた．普段何気なしに使っている電卓が，操作方法一つで劇的に変化することを，本書で十分に理解してほしい．

　第1講座は一般電卓の性能についてまとめた．一般電卓の計算の処理方法と数学のルールの違いについて，また試験に挑むにあたってどのような電卓を選ぶとよいかをまとめた．

　第2講座は電卓の機能説明についてまとめた．スライダーや各種キーの説明と計算処理方法について学ぶ．

　第3講座から本格的な電卓講座となり，累積計算や定数計算といった電卓操作の基礎となる計算方法を習得する．

　第4講座は複素数の計算についてまとめた．虚数や複素数といった数値を，一般電卓でどのように計算していくのかを学ぶ．

　第5講座は三角関数の計算についてまとめた．正弦・余弦・正接の3つの三角関数の関係と計算方法を習得する．

　第6講座は逆数について解説する．電卓の計算をより簡潔に，より速く処理するための逆数計算について学ぶ．

　第7講座は円周率のような無理数を，税率設定を活用して速く計算する方法について習得する．

　第8講座は累乗・累乗根を電卓でどう計算するのかを習得する．累乗はもとより，指数が分数である数についても，条件により電卓で計算できることを学ぶ．

　第3講座からは，過去に出題された電験第3種およびエネルギー管理士試験（電気分野）を例に，電卓の操作方法の例を示す．わからない問題もあるかと思うが，ひとまず「こういうものだ」と思って電卓の操作方法を習得してほしい．

目　次

第1講座
一般電卓の性能

1.1　計算上の順序と一般電卓の性能

　電気工学の計算では大小様々な数字や三角関数，平方根，指数関数などが使用されているが，電気主任技術者試験（以下，電験）で使用できる電卓は一般電卓と呼ばれるものしか使用できない．

　すなわち関数電卓を使わず，これらの複雑な関数を一般電卓で計算する必要があるのだが，数式を計算する順序は守らなければならない．例えば

$$1 + 2 \times 3 - 4 \div 5 \tag{1.1}$$

という式を計算する場合，四則演算の順序を考慮しなければならない．すなわち「掛け算と割り算があれば，先に計算する」というものである．

　式（1.1）の場合，掛け算と割り算を先に計算することで，答えは6.2と求められるが，順序を無視して左から順に電卓に入力して計算してほしい．

　液晶には1と表示されているが，これが一般電卓で計算する場合の落とし穴であり，一般電卓は入力した順に次々と計算を行って結果を表示する特性がある．では，式（1.1）を一般電卓で改めて正しく計算してみよう．なお本書は電卓で入力する キー については四角で囲むこととする．

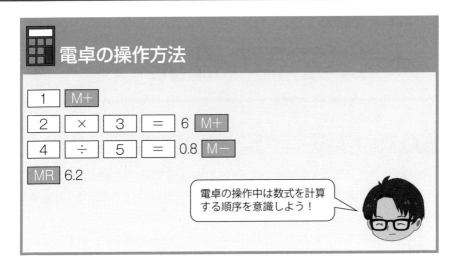

一般電卓にはメモリー機能があり，$\boxed{\text{M+}}$キーで加算，$\boxed{\text{M−}}$キーで減算しながら計算結果を保存できる機能をもっている．この機能を使い，結果を$\boxed{\text{MR}}$・$\boxed{\text{RM}}$または$\boxed{\text{MRC}}$キーで呼び出すことで，計算の順序を守りながら正しい答えを導き出すことができる．

次に式（1.1）を少し変え，括弧で囲われたものから順に計算する．

$$\{(1+2)\times3-4\}\div5 \tag{1.2}$$

この場合は「括弧で囲われた範囲の内側を先に計算する」という順序がある．この順序を当てはめて計算すると，答えは1となる．この場合一般電卓で計算しても左から順番に入力して計算すればよいので，同じ答えが導き出せる．

数式の計算上の順序について再確認すると

① 括弧で囲われた範囲の内側を先に計算する

② 四則演算は掛け算，割り算を先に計算する

この順序を守りながら，正確な答えを導出しなければならない．一般電卓を使った計算方法の詳細については，今後の章で実際の電験の問題を扱いながら解説を行っていく．

1.2　電卓の状態をチェック

　さて，電験は国家試験であるがゆえに試験の制限時間がある．特に第3種は理論・電力・機械科目は90分の時間制限の中で多くの解答を導き出さなければならず，そのなかでも理論・機械は計算問題が圧倒的に多い．そのなかでより速く，より正確に計算する能力が求められる．しかし，実際に使う電卓そのものに不安要素はないだろうか．試験でもってきた電卓に必須機能である $\boxed{\sqrt{}}$ キー（開平機能）がないとか，電池切れを起こしたら目も当てられない．

　電池切れは試験当日までに交換しておけば問題ないだろうが，電卓本体の状態や機能については一度確認しておいた方がよい．お手元にある電卓はどうだろうか．チェックリストをつくったので一度確認してほしい．

チェック①　適度な大きさがある

　電卓には適度な大きさがあり，机上に置いて入力できるものがよい．ポケット版の電卓やカードサイズの電卓であれば，もち運びに便利ではあるが，キーが小さいために誤入力を引き起こす恐れがある．逆に大きすぎる電卓だと，狭い試験会場の机で試験問題を広げる場所が狭くなる．国産の電卓であれば，「ナイスサイズ」または「ジャストサイズ」と呼ばれる，横のキーの配列が5つのものがあるので，もち出しやすさ，使いやすさを考慮するとこの程度の大きさで十分である．

チェック②　液晶画面が見やすい

　机上において画面を見たときに，視認しやすい液晶であれば，計算結果を明瞭に確認できる．液晶の角度を変えられる電卓もあるので，使いやすい角度を確認しておこう．

チェック③　デュアルバッテリー

　家電量販店で販売されている国産の電卓であれば，1日1時間の使用で約7年間は電池交換が不要であるらしい．また，万が一の電池切れにも太陽電池で電源を確保するようにしている．試験中に電池切れを起こしても慌てることがないよう，太陽電池が電卓に搭載されているか確認しよう．

チェック④　キーを押したときの感触がよい

　下手をすれば電卓がワンコインで買えてしまうのだが，キーを押す力加減は人それぞれで，特にゴム製などの柔らかいキーであれば押した感触がつかめない．力強く押してキーが戻ってこないといったことも考えられる．限られた試験時間の中で速く，正確に計算することを考えるならば，キーが正しく入力されているか確認するのに時間は割いていられない．プラスチック製などの硬めのキーでそうした不安要素を払拭しよう．

チェック⑤　キー入力に対する反応がよい

　キー入力の速さに電卓の処理能力が追いつかないことも考えられるが，早打ちに対応できる電卓を選び，正確にキー入力を受け付けてくれるか確認しよう．また，万が一キーを2箇所同時に押してしまった場合にも，次の入力を受け付けるキーロールオーバー（Key roll over）機能がある．電験では電卓検定などで求められる高速入力を行う必要はないのだが，機能としてある方がよい．

　確認方法として　1　を押した状態で　2　を押し，　1　を離して　2　の入力を受け付けてくれれば，その電卓は「2キーロールオーバー」をもつ．一部電卓には同時押しが発生しても次の次まで入力を受け付けてくれる「3キーロールオーバー」機能をもつものもあるが，電験の計算では「2キーロールオーバー」があれば十分である．「3キーロールオーバー」を確認したい場合，　1　を押した状態で　2　を押し，さらに　3　を押した状態で　1　→　2　→　3　と順番に離してほしい．ディスプレイに「123」と3つとも入力を受け付けていれば「3キーロールオーバー」であり，「13」と2つしか入力を受け付けない場合は「2キーロールオーバー」である．

チェック⑥　電卓が滑りにくい

　「試験に滑らない」というゲン担ぎもあるが，机上で電卓を使用していると動く，滑るという事態が発生する．試験中に電卓を誤って落としてしまうとタイムロスにつながるため，使用中に電卓が動かないか確認しよう．

桁数が多く数字が
読みやすい電卓を
選ぼう！

チェック⑦　桁数が多い

　電験の計算問題では計算結果を有効数字3桁，または上3桁の近似値で表すよう記載されているが，電卓を使った計算では，途中で誤差や桁落ちがどうしても発生する．これらをなるべく少なくするために，桁数は多い方がよい．なお海外製では16桁を表示させる電卓も存在するが，情報量が多すぎると逆に数字が見にくくなる．著者としては12桁を推奨するが，第3種であれば10桁あれば問題ない．

チェック⑧　1文字削除できる桁下げ機能（ ▶ ・ → キー）がある

　電卓の入力間違いが発生したとき，四則演算の計算過程は残したまま，現在液晶に表示されている数字だけを消すことができるクリアエントリー CE キーがあるが，1文字だけ間違えた場合は即座に削除できる桁下げ機能 → キーを使った方がわかりやすい．簡単に使えるので，桁下げ機能があった方がよい．

重要!　チェック⑨　開平機能 √ キーがある

　電験の試験案内にも記載されているが，開平計算は必須である．$\sqrt{3}$ であれば1.732 050 8…と暗記しておけば計算できるが，電気工学の計算は三角関数や絶対値を求める計算で √ キーがないと余程のことがない限り計算できない． √ キーがない電卓は意外と多く流通しているので，電卓を購入するときは √ キーがあるか必ず確認しよう．

性能がよくても √ のない
電卓があるので注意!!

重要!　チェック⑩　メモリーの呼び出しキー（ MR ・ RM ）と消去キー（ MC ・ CM ）が独立している

　メモリーの呼び出しと消去を1つのボタンで行う MRC キー（または RCM キー）が搭載されている電卓であれば，一旦呼び出した後でしかメモリー消去を行うことができない．詳細は第5講座で解説するが，電験の計算ではメモリーで保存し

た計算結果からさらに計算し，その結果を再度メモリーに保存するといった行為が発生する．MRCキーではなく，メモリーの呼び出しキー（MR・RM）と消去キー（MC・CM）が別々になっている電卓を選ぼう．

　最後にクリアキーについても確認しておきたい．クリアキーにACとCAという2種類があるが，似ているようで意味合いが違う．

AC　　（カシオ）メモリーは保存したまま液晶の表示を消去する．

CA　　（シャープなど）メモリーごと液晶の表示を消去する．

　お手もとの電卓を実際に触って，各自確認していただきたい．

　本書では主に日本国産の電卓のうち，カシオとシャープの電卓について取り上げる．他のメーカーの電卓を使用される際は，シャープの電卓に準ずるものとする．電卓のキーの配置についても掲載したので，各自確認していただきたい．なおその他のキーについての詳細は第2講座で解説する．

電卓の本体・機能チェックリスト

チェック１　　適度な大きさがある　チェック欄 □

チェック２　　液晶画面が見やすい　□

チェック３　　デュアルバッテリー　□
（ボタン電池と太陽電池の二重対応）

チェック４　　キーを押したときの感触がよい　□
（プラスチックキー等の硬めのキーで引っ掛かりがないこと）

チェック５　　キー入力に対する反応がよい　□
（早打ち対応，キーロールオーバー機能）

チェック６　　電卓が滑りにくい　□

チェック７　　桁数が多い（12桁推奨）　□

チェック８　　1文字削除できる桁下げ機能（ ► ・ → キー）がある　□

重要! チェック９　　開平機能 √ キーがある　□

重要! チェック10　メモリーの呼び出しキー（ MR ・ RM ）と消去キー（ MC ・ CM ）
が独立している　□

> チェックリストで試験で使いやすい電卓であるのか確認しよう！

＜カシオ JF-S200 の電卓のキー配置＞

テンキーが中央に揃っている.
AC と 0 キーが近くにある.
0 が左小指または右親指で押しやすい.

＜シャープEL-VN83の電卓のキー配置＞

テンキーが左に揃っている．
CA がテンキーから離れている．

コラム1
DJも嗜む電気主任技術者

　突然ですが，DJ（Disk Jockey）にはどんなイメージをおもちでしょうか．レコードを擦っている人？曲を流しながらマイクでパフォーマンスをする人？よくわからないけど，2枚のレコードと真ん中にある機材を使って，ヘッドホン片手に音楽を流している人というイメージはわくかと思います．

　実を言うと筆者は趣味としてDJを嗜んでいます．DJの役割は，与えられた時間中は音楽を止めずに流し続けること，でしょうか．レコードを載せるターンテーブル（またはパソコンに保存されている音声データを操作するコントローラなど）を最低2台以上つなぎ，音声信号を集約するミキサーの多数のボリュームを駆使し，ときに交互に，ときに複数の曲を混ぜながらパフォーマンスを行う音の魔術師，それがDJです．

　DJといえばクラブ（ディスコ）で音楽を流し，会場にいる人（オーディエンス）を踊らせるのが仕事なのですが，海外，特にヨーロッパではオリンピックの選手入場やサッカーワールドカップの開会式を盛り上げる役割も果たしています．

　そんなDJと計算って何か相関があるの？と思われますが，簡単に紹介したいと思います．

　例えば，現在DJが「Theory」という曲を流しているとします．この曲の速さは134 BPMです．BPM（Beat Per Minutes）は1分間の拍数で，テンポと読み替えても差し支えありません．ここから次に「Power」という曲につなぎます．この曲の速さは130 BPMです．

　音楽はそれぞれの曲のBPMが異なるため，現在流れている曲の速さに合わせる必要があります．そのためターンテーブルやコントローラにはテンポスライダーがあり，動かすことで曲を早くしたり遅くしたりできるのですが，現在流れている「Theory」（134 BPM）から「Power」（130 BPM）につなぐ場合，「Power」のテンポスライダーは何％調整すれば良いでしょうか？

　DJは音楽データをパソコンで解析することにより，曲の速さを知ることができます．130 BPMの曲の場合，1％変化させると曲の速さを1.3 BPM変化させることができるわけですから，テンポスライダーを＋3％強調整し，ミキサーでボリュームを調整しながら

曲を混ぜることで，「Theory」から「Power」へ音を止めずにつなぐことができます（この「音をつなぐ行為」がDJの腕の見せどころなのですが！）．

　DJが実際に計算を行うのはBPMの管理程度なのですが，熟達したDJになると，180 BPMの高速な曲から，90 BPMの低速な曲に違和感なく曲を混ぜ，つなぐことができます．なぜかと言うと，180 BPMの半分のテンポが90 BPM，すなわち公約数を取ることができるからです．もちろん，90 BPMから180 BPMへつなぐ逆の行為も可能なのです．

　余談ではありますが，なぜDJはヘッドホンをつけているのでしょうか？ それは外に流している曲の裏で，BPMにズレがないか，再生する箇所がここで良いのか，聴きながらチェックしているからです．

　最後にDJと電験に相関はあるのかという話ですが，多少強引なことを申せば，DJも電験も本番に向けて事前に準備し，数多くの演習をこなし，当日に遺憾なく実力を発揮するところは似ているのかもしれません．特にDJはミキサーをはじめとする機材を操作するのですが，こればかりは実際に触ってどんな音が出せるのか，どうすれば違和感なく音をつなぐことができるのか，演習あるのみなのです．

　電卓についても同じで，自分の相棒となる電卓をどう操作すれば素早く計算できるのか，計算問題を演習して慣れておくと，試験当日の時間短縮につながるのではないでしょうか．本書では電卓の操作について詳細を記載していますが，本書以外の電験問題を電卓で計算することで，新たな発見ができるかもしれません．とにかく機材は触って操作を覚えること！ これに尽きると思います．

第2講座
電卓の機能説明

　ディスプレイ下部のセレクター（スイッチ）について説明する．なお電験においてセレクター（スイッチ）を利用することはほぼ皆無である．以下に，カシオとシャープに分けて特徴を説明していく．

カシオ

・ラウンドセレクター　　F CUT UP 5/4

　　小数点以下をどのように求めるかを指定することができる．

　F　　：小数点以下を表示可能な桁数だけ表示する．

　CUT ：小数点以下の指定桁未満を切り捨てて表示する．

　UP　 ：小数点以下の指定桁未満を切り上げて表示する．

　5/4 ：小数点以下の指定桁未満を四捨五入して表示する．

・小数点セレクター　　4 3 2 1 0 ADD₂

　　小数点以下の桁数を指定することができる．セレクターを数字に合わせることで，小数点以下を何桁まで求めるか指定する．なおセレクターに**ADD2**というアドモード計算があるが，これは小数点キー　・　を押さなくても自動的に小数第2位で小数点が表示されるため，同一小数位の加算・減算には便利な機能である．

■ シャープ

・グランドトータル（GT）／アンサーチェックスイッチ　`GT・アンサーチェック`

　　後述する累積計算を使用するかどうかのスイッチで「**GT**」,「**・**」,「**アンサーチェック**」に分かれている.

　GT　：小計（ `=` `%` を押して得られる値）がグランドトータル（累計）メモリーに自動的に加算される.

　　・　：グランドトータル, アンサーチェックを使用しない.

　アンサーチェック：計算結果を記憶し, 再び同じ計算を行うことで結果が正しいか否かを表示する.

・小数部桁数（TAB）指定スイッチ　`F43210A`

　　カシオのラウンドセレクターに同じ. **A**（アティングモード）はカシオの**ADD2**と同じ.

・ラウンドスイッチ　`5/4 ↓`

　　小数点以下をどのように求めるかを指定することができる.

　5/4　：小数点以下の指定桁未満を四捨五入して表示する.

　↓　：小数点以下の指定桁未満を切り捨てて表示する.

　　電験の計算ではセレクターを使用することがないため, ラウンドセレクター（スイッチ）は**F**, 小数点セレクター（スイッチ）は**ADD2**（**A**）**以外**に合わせておくと良い. 一部のシャープ電卓についてはグランドトータル（**GT**）／アンサーチェックスイッチを**GT**に合わせておく.

> セレクター（スイッチ）の位置をチェックしよう！

2.2 キーの操作詳細

電卓に搭載されているキーの操作について解説する.

・ 税込 **税込計算**

　ディスプレイに表示されている数字に, 所定の税率 (一般的に現行の消費税) を加えた値が表示される.

・ 税抜 **税抜計算**

　ディスプレイに表示されている数字から, 所定の税率分を差し引いた値が表示される.

・ +/− **サインチェンジ**

　ディスプレイに表示されている数字の正負を反転させるキーである. 電卓は正 (プラス) の数字を入力していくため, 負 (マイナス) に変換する場合に使用する.

・ √ **開平計算**

　ディスプレイに表示した数値の開平値 (平方根) を表示する. 電験の計算では必須の機能である. 例えば, $\sqrt{3}$ を入力したいときは 3 √ でディスプレイに $\sqrt{3}$ の近似値である 1.732 050 807 56 が表示される.

・ % **百分率計算**

　四則演算キーと組み合わせて, 百分率計算を行うときに使用する.

[例題 2.1]

250 円の 30 % はいくらか.

解き方

$$250 \times \frac{30}{100} = 75 \tag{2.1}$$

これを電卓で計算すると

| 250 | × | 30 | % | 75 |

（答）　75円

となり，小数点を使用せずに簡単に百分率が求められる．では割増や割引といった計算はどうだろうか．

% キーを使いこなせると，
百分率計算で便利！

[例題2.2]

250円の30％増はいくらか．

解き方

$$250 \times \left(1 + \frac{30}{100}\right) = 325 \tag{2.2}$$

これを電卓で計算する．カシオとシャープで，それぞれの解き方を見ていこう．

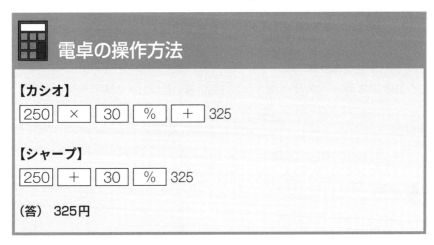

電卓の操作方法

【カシオ】

| 250 | × | 30 | % | + | 325 |

【シャープ】

| 250 | + | 30 | % | 325 |

（答）　325円

[例題2.3]

250円の30％引はいくらか.

解き方

$$250 \times \left(1 - \frac{30}{100}\right) = 175 \tag{2.3}$$

これを電卓で計算する.

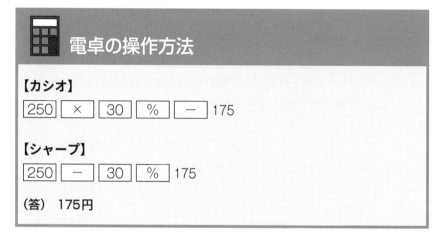

割増, 割引の計算についても %キーと四則演算キーを使用することで簡単に計算できる. なおカシオの場合, %キーを押したときに百分率計算の値が表示されるので便利である.

2.3 累積メモリー

電卓には計算結果を加算し続け, 合計値を保存する累積メモリーが搭載されている. 累積値については GT キーで呼び出す. なおカシオとシャープで累積される値が違うので, 注意してほしい.

カシオ

$\boxed{=}$ キーで求めた値を累積して加算する.

シャープ

$\boxed{=}$ キーや $\boxed{\%}$ キーで求めた値を累積して加算する.

$\boxed{GT}$ キーを２回押すことで累積メモリーに記憶された値を消去することができる.

2.4　独立メモリー

累積メモリーは実質 $\boxed{=}$ キーで表示した結果を加算することしかできないが,任意の値や計算した結果を加算,または減算して保存することのできる独立メモリーがある.電験の計算問題で活用できる重要な要素のひとつである.

・ $\boxed{M+}$ 　メモリープラス

ディスプレイに表示されている数字,または計算結果を加算して保存する.計算の最後に $\boxed{M+}$ キーを押すと,計算結果を加算して記憶させる.

・ $\boxed{M-}$ 　メモリーマイナス

ディスプレイに表示されている数字,または計算結果を減算して保存する.計算の最後に $\boxed{M-}$ キーを押すと,計算結果を減算して記憶させる.

・ $\boxed{MR}$ $\boxed{RM}$ 　メモリーリコール（記憶値呼び出し）

独立メモリーに記憶させた数値を呼び出す.

・ $\boxed{MC}$ $\boxed{CM}$ 　メモリークリア（記憶値消去）

独立メモリーに記憶させた数値を消去する.

独立メモリーを使いこなせるか否かで
試験の余裕に差が生まれる！

　電卓の中にはメモリーリコールとメモリークリアを統合した$\boxed{\text{MRC}}$キーが搭載されているものがある．これは1回押すとメモリーの数値を呼び出し，2回押すとメモリーを消去する機能が備わっている．なお電験で使用する電卓は$\boxed{\text{MRC}}$キーではなく，メモリーリコールとメモリークリア両方のキーがある方がよい．

2.5　消去

　消去時に要するキーを以下にまとめる．カシオとシャープで機能が違うので，各自ご確認いただきたい．

■ カシオ

・$\boxed{\blacktriangleright}$　桁下げ

　数値入力を間違えたとき，ディスプレイに表示される最後尾の1文字を削除する．

・$\boxed{\text{AC}}$　オールクリア

　独立メモリーの記憶値を残した状態で累積計算の記憶値および計算過程を消去し，ディスプレイの表示を初期化する．

・$\boxed{\text{C}}$　クリア

　四則演算の過程で数値入力を間違えたとき，数値を削除して再入力できるようにする．数値は削除されるが直前の四則演算状態は残ったままとなるので，正しい数字を再入力することで計算が継続できる．

■ シャープ

・$\boxed{\rightarrow}$　右シフト

　数値入力を間違えたとき，ディスプレイに表示される最後尾の1文字を削除する．

- $\boxed{\text{CA}}$　**クリアオール**

　ディスプレイの表示を初期化する．独立メモリーの記憶値や累積計算の記憶値もまとめて消去する．

- $\boxed{\text{C}}$　**クリア**

　独立メモリー，累積メモリーの記憶値を残した状態で計算過程を消去し，ディスプレイの表示を初期化する．

- $\boxed{\text{CE}}$　**クリアエントリー**

　四則演算の過程で数値入力を間違えたとき，数値を削除して再入力できるようにする．数値は削除されるが直前の四則演算状態は残ったままとなるので，正しい数字を再入力することで計算が継続できる．

　シャープには $\boxed{\text{C}}$ キーと $\boxed{\text{CE}}$ キーが統合された $\boxed{\text{C·CE}}$ キーをもつ電卓がある．１回押すと $\boxed{\text{CE}}$ キー，２回押すと $\boxed{\text{C}}$ キーの機能となる．

　次の講座より本格的な電卓講座となる．操作方法について異なる場合はメーカーを記載するが，共通する場合は【**カシオ**】の電卓に準じた操作方法の解説となる．その際，【**シャープ**】の電卓を使用する方は，表2.1の通りにキーの読み替えを行ってほしい．

表2.1　電卓講座のキー対応表

	【カシオ】	【シャープ】
オールクリア	$\boxed{\text{AC}}$	$\boxed{\text{CA}}$
メモリーリコール	$\boxed{\text{MR}}$	$\boxed{\text{RM}}$
メモリークリア	$\boxed{\text{MC}}$	$\boxed{\text{CM}}$

第3講座
累積計算と定数計算

3.1 累積計算

　数式の計算を終えると，液晶に計算結果と一緒に「G」または「GT」という表示が現れている．このとき，計算結果は電卓の累積メモリーに加算される．続けて計算を行うと，結果はすべて累積メモリーに加算される．

　加算された結果を表示するのに GT （Grand Total）キーがあり，累積計算としてこれまでの複数の計算結果が表示される．

　例えば，表3.1のような
・　たこ焼きをつくる材料や道具を購入するとき，消費税がそれぞれいくらかを考える
・　上記の消費税の総額はいくらかを算出する
といった計算を行う場合，累積計算が用いられる．

表3.1　たこ焼きをつくる材料や道具の単価と消費税

品名	価格	税率	消費税
小麦粉	¥450-	8 %	¥36-
たこ	¥500-	8 %	¥40-
ソース	¥300-	8 %	¥24-
紅ショウガ	¥150-	8 %	¥12-
食用油	¥250-	8 %	¥20-
たこ焼き器	¥3,980-	10 %	¥398-

　表3.1の材料等を求めるときの消費税の総額は

$$450 \times 0.08 + 500 \times 0.08 + 300 \times 0.08 + 150 \times 0.08 + 250 \times 0.08$$
$$+ 3\,980 \times 0.1 = 530 \text{ 円} \tag{3.1}$$

となる．

電卓の操作方法

　式 (3.1) は乗算と加算が入り混じっているため，式の通りに電卓を操作して
も正答を求めることができない．よって，以下の手順を踏んで計算する．
・　式 (3.1) の乗算だけを計算し，それぞれの消費税を求める．
・　材料等を購入するときに生じる消費税が，累積メモリーに加算される．
・　累積メモリーに保存された値を呼び出すと，表3.1にかかる消費税の総額
　　を求めることができる．

$$450 \times 0.08 + 500 \times 0.08 + 300 \times 0.08 + 150 \times 0.08 + 250 \times 0.08$$

$$+\,3\,980 \times 0.1 = 530 \, 円$$

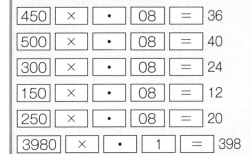

= キーで求めた計算
結果は累積メモリーに加
算されて保存される．

450	×	・	08	=	36
500	×	・	08	=	40
300	×	・	08	=	24
150	×	・	08	=	12
250	×	・	08	=	20
3980	×	・	1	=	398

　6つの計算結果は累積値として電卓の累積メモリーに保存されている．これ
を GT キーで呼び出す．

GT 530

（答）　530 円

　このように，累積計算を使うことで，それぞれ求めた消費税をメモ等に書き控
える必要もなく，合計の消費税を求めることができる．

[例題3.1]

図3.1のように電流源が3Aの定電流回路に複数の抵抗を直列に接続したとき，それぞれの抵抗に発生する電圧降下を求めた後，回路全体で発生する電圧降下を求めよ．

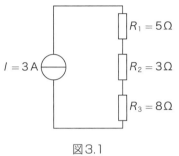

$I = 3\,\mathrm{A}$ $R_1 = 5\,\Omega$ $R_2 = 3\,\Omega$ $R_3 = 8\,\Omega$

図3.1

解き方

図3.1において，それぞれの抵抗で発生する電圧降下は，オームの法則で求められる（式（3.2））．これにより各抵抗の電圧降下を計算する．

$$V = RI \tag{3.2}$$

$$V_1 = R_1 I = 5 \times 3 = 15\,\mathrm{V} \tag{3.3}$$

$$V_2 = R_2 I = 3 \times 3 = 9\,\mathrm{V} \tag{3.4}$$

$$V_3 = R_3 I = 8 \times 3 = 24\,\mathrm{V} \tag{3.5}$$

各抵抗で発生する電圧降下を求めたが，3つの抵抗は直列接続されていることから，回路全体の電圧降下は各抵抗の電圧降下の合計となる．

$$V = V_1 + V_2 + V_3 = 15 + 9 + 24 = 48\,\mathrm{V} \tag{3.6}$$

この回路全体の電圧降下は48Vである．

以上の結果を電卓で計算してみよう．まず，式（3.3）から式（3.5）までを計算する．

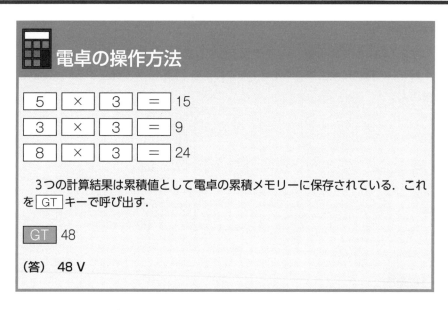

電卓の操作方法

| 5 | × | 3 | = | 15 |

| 3 | × | 3 | = | 9 |

| 8 | × | 3 | = | 24 |

3つの計算結果は累積値として電卓の累積メモリーに保存されている．これを $\boxed{\text{GT}}$ キーで呼び出す．

GT 48

（答）　48 V

累積計算を使えば，例題3.1のような複数の式の答えを改めて電卓に入力して加算する必要がない．

［例題3.2］

図3.2のように電圧源が10 Vの回路に複数の抵抗を並列に接続したとき，それぞれの抵抗に流れる電流を求めた後，電圧源に流れる電流を求めよ．

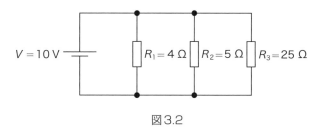

図3.2

解き方

図3.2のそれぞれの抵抗に流れる電流は，オームの法則で求められる（式（3.7））．これにより各抵抗に流れる電流を計算する．

$$I = \frac{V}{R} \qquad (3.7)$$

$$I_1 = \frac{V}{R_1} = 10 \div 4 = 2.5 \text{ A} \qquad (3.8)$$

$$I_2 = \frac{V}{R_2} = 10 \div 5 = 2 \text{ A} \qquad (3.9)$$

$$I_3 = \frac{V}{R_3} = 10 \div 25 = 0.4 \text{ A} \qquad (3.10)$$

各抵抗で発生する電流を求めたが，3つの抵抗は並列接続されていることから，電圧源に流れる電流は各抵抗に流れる電流の合計となる．

$$I = I_1 + I_2 + I_3 = 2.5 + 2 + 0.4 = 4.9 \text{ A} \qquad (3.11)$$

この回路の電圧源に流れる電流は4.9 Aである．

以上の結果を電卓で計算してみよう．まず式 (3.8) から式 (3.10) までを計算する．

電卓の操作方法

| 10 | ÷ | 4 | = | 2.5
| 10 | ÷ | 5 | = | 2
| 10 | ÷ | 25 | = | 0.4

　3つの計算結果は累積値として電卓の累積メモリーに保存されている．これを GT キーで呼び出す．

GT 4.9

（答）　4.9 A

例題3.2についても累積計算を使えば，複数の式の答えを改めて電卓に入力して加算する必要がない．

3.2 定数計算

定数計算は電卓操作の基本技であるので，ぜひマスターしてほしい．例題に倣^{なら}って定数計算を行い，最後に累積値を $\boxed{\text{GT}}$ キーで呼び出せば，効率よく計算を行うことができる．

ここで例題3.1について振り返る．式（3.3）から式（3.5）についてもう一度着目してほしい．3つの式はすべて電流値が3 Aで同じである．すなわちこの値は固定されており，変化しない．この変化しない数を定数と呼び，電卓には定数計算ができる機能が備わっている．

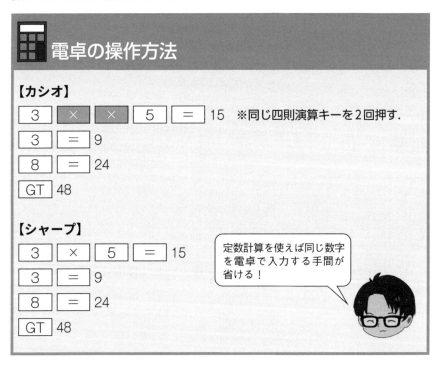

電卓の操作方法

【カシオ】

$\boxed{3}$ $\boxed{\times}$ $\boxed{\times}$ $\boxed{5}$ $\boxed{=}$ 15　※同じ四則演算キーを2回押す．

$\boxed{3}$ $\boxed{=}$ 9

$\boxed{8}$ $\boxed{=}$ 24

$\boxed{\text{GT}}$ 48

【シャープ】

$\boxed{3}$ $\boxed{\times}$ $\boxed{5}$ $\boxed{=}$ 15

$\boxed{3}$ $\boxed{=}$ 9

$\boxed{8}$ $\boxed{=}$ 24

$\boxed{\text{GT}}$ 48

定数計算を使えば同じ数字を電卓で入力する手間が省ける！

　定数計算のコツは，初めに定数を入力することにある．カシオの電卓は同じ四則演算キーを2回押すことでディスプレイに「K」が表示され，定数計算モードであることが確認できる．

　では例題3.2の場合はどうだろうか．この場合電圧源10Vが定数となるが，定数計算モードで計算していくと誤った値が電卓に出力される．確認のため実際に電卓で計算してみてほしい．

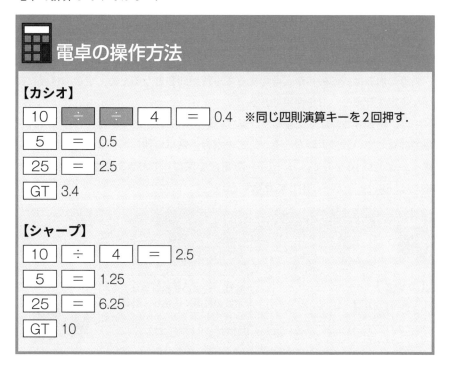

どちらの電卓も累積計算で正解が導き出せないことがわかる．

　定数計算で注意してほしいのは，電卓では定数が計算式の最後にある場合に使用できることである．ただし乗算や加算は，交換法則により2つの数を互いに入れ替えても変わらない性質がある．ここで定数を「k」，変数を「a」とすると以下の数式が成り立つ．

〈乗算や加算の場合〉

$$a + k = k + a \tag{3.12}$$

$$ck = kc \tag{3.13}$$

〈除算や減算の場合〉

$$b - k \neq k - b \tag{3.14}$$

$$\frac{d}{k} \neq \frac{k}{d} \tag{3.15}$$

乗算や加算は式の最初が定数であっても解が同じとなるため，定数の位置に関係なく定数計算モードを使用できる．

では，例題3.2のような除算の計算式の最初に定数がある場合，どのように電卓で計算していけばよいだろうか．この場合，電卓の独立メモリーに定数を保存する．定数が10なので，[M+] キーで定数を保存しておき，必要なときに [MR] または [RM] キーで呼び出して計算する．

電卓の操作方法

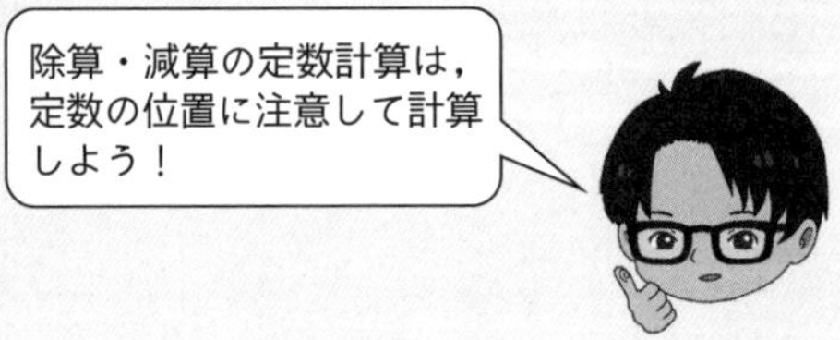

【カシオ】

[10] [M+]

[÷] [4] [=] 2.5

[MR] [÷] [5] [=] 2

[MR] [÷] [25] [=] 0.4

[GT] 4.9

【シャープ】

[10] [M+]

[÷] [4] [=] 2.5

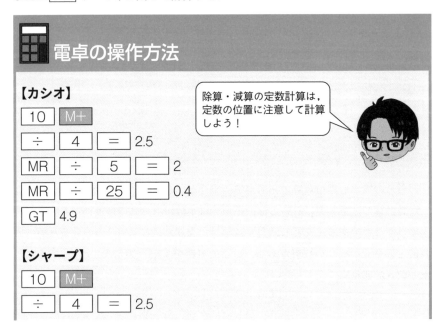

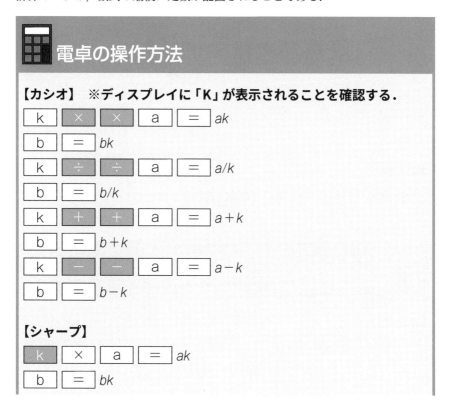

RM	÷	5	=	2
RM	÷	25	=	0.4
GT	4.9			

3.3　電卓操作における定数計算とは

　変数を「a」「b」，定数を「k」とすると，電卓のキーを以下の通り入力することで電卓の定数計算ができる．カシオの場合は定数計算モードがあるためわかりやすいが，シャープの場合は乗算とそれ以外の計算で定数の配置が異なる．定数計算のコツは，数式の最後に定数が配置されることである．

電卓の操作方法

【カシオ】　※ディスプレイに「K」が表示されることを確認する．

k	×	×	a	=	*ak*
b	=	*bk*			
k	÷	÷	a	=	*a/k*
b	=	*b/k*			
k	+	+	a	=	*a+k*
b	=	*b+k*			
k	−	−	a	=	*a−k*
b	=	*b−k*			

【シャープ】

| k | × | a | = | *ak* |
| b | = | *bk* | | |

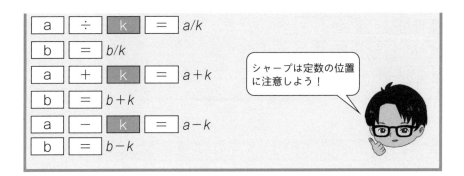

[例題 3.3]

表3.2にあげた品をヨーロッパから輸入したい．このときに発生する費用の総額は日本円でいくらになるか求めよ．ただし1ユーロは136円とし，小数点以下は切り捨てる．

表3.2

品名	価格
ギター	€698-
CD	€16.8-
楽譜	€24.9-
送料	€14.9-

解き方

題意の通り，1ユーロは136円なので，定数を136として計算する．

電卓の操作方法

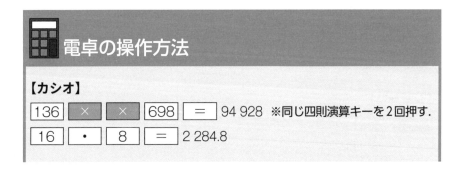

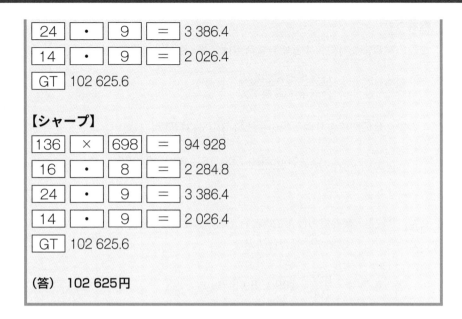

【シャープ】

(答) 102 625円

【電験問題にチャレンジ①】

ある事業所内におけるA工場及びB工場の，ある日の負荷曲線は図3.3のようであった．この事業所のA工場及びB工場を合わせた総合負荷率の値 [%] として，最も近いものを次の(1)～(5)のうちから一つ選べ．

(1)　56.8　　　(2)　63.6　　　(3)　78.1　　　(4)　89.3　　　(5)　91.6

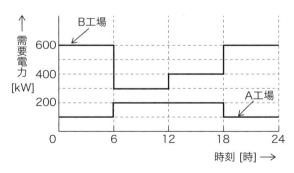

図3.3

[平成26年度 電験第3種 法規 問12 改題]

解き方

複数の需要家を対象とする総合負荷率は，式（3.16）で定義される．

$$総合負荷率 = \frac{合成平均需要電力}{合成最大需要電力} \times 100 \ \%\tag{3.16}$$

ここで，負荷曲線より両工場の合成負荷の平均需要電力は，

$$合成平均需要電力 = \frac{700 \times 6 + 500 \times 6 + 600 \times 6 + 700 \times 6}{24} = 625 \ \text{kW}\tag{3.17}$$

また，合成最大需要電力はＡ工場とＢ工場の需要電力の合計の最大値が700 kWであるから，この事業所の総合負荷率は

$$総合負荷率 = \frac{625}{700} \times 100 ≒ 89.3 \ \%\tag{3.18}$$

となる．

（答）　(4)

図3.3の時刻の間隔に注目してほしい．時刻の間隔は6時間ずつであるため「6」という定数があることがわかる．これは式（3.17）の分子についても確認できる．ここで定数計算や累積計算が役立ってくる．

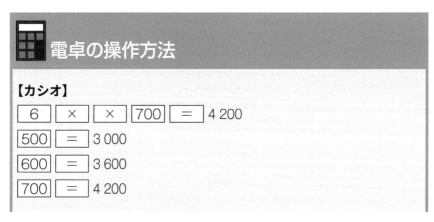

電卓の操作方法

【カシオ】

6	×	×	700	=	4 200
500		=			3 000
600		=			3 600
700		=			4 200

GT	15 000
÷	24	=	625
÷	700	%	89.285 714 285 7

【シャープ】

6	×	700	=	4 200
500	=	3 000
600	=	3 600
700	=	4 200
GT	15 000
÷	24	=	625
÷	700	%	89.285 714 285 7

(答) (4)

3.4 合成抵抗の求め方と定数計算

2つの抵抗素子 R_1 と R_2 を図3.4のように直列に接続した場合の合成抵抗値 R_S は

$$R_S = R_1 + R_2 \tag{3.19}$$

となる．また，2つの抵抗素子 R_1 と R_2 を図3.5のように直列に接続した場合の合成抵抗値 R_P は

$$R_P = \cfrac{1}{\cfrac{1}{R_1} + \cfrac{1}{R_2}} = \frac{R_1 R_2}{R_1 + R_2} \tag{3.20}$$

となる．

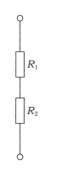

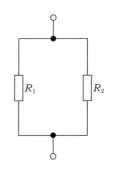

図3.4　抵抗の直列接続　　　　　図3.5　抵抗の並列接続

　次に，3つの抵抗素子を図3.6のように△結線としたものを，端子間で同じ抵抗値となるY結線に変換する．これを△-Y変換という．このときの各抵抗の値は以下のように変換できる．

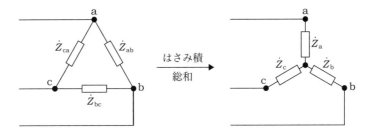

図3.6　△-Y変換

$$\dot{Z}_a = \frac{\dot{Z}_{ab}\dot{Z}_{ca}}{\dot{Z}_{ab} + \dot{Z}_{bc} + \dot{Z}_{ca}} \tag{3.21}$$

$$\dot{Z}_b = \frac{\dot{Z}_{ab}\dot{Z}_{bc}}{\dot{Z}_{ab} + \dot{Z}_{bc} + \dot{Z}_{ca}} \tag{3.22}$$

$$\dot{Z}_c = \frac{\dot{Z}_{ca}\dot{Z}_{bc}}{\dot{Z}_{ab} + \dot{Z}_{bc} + \dot{Z}_{ca}} \tag{3.23}$$

公式を覚えるコツは，分母は3つの素子の合計値，分子は変換前後で同じ添字がある素子2つの積となっている．

最後に，3つの抵抗素子を図3.7のようにY結線としたものを，端子間で同じ抵抗値となるΔ結線に変換する．これをY-Δ変換という．このときの各抵抗の値は以下のように変換できる．

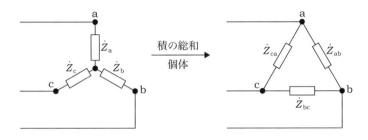

図3.7　Y-Δ変換

$$\dot{Z}_{ab} = \frac{\dot{Z}_a\dot{Z}_b + \dot{Z}_b\dot{Z}_c + \dot{Z}_c\dot{Z}_a}{\dot{Z}_c} \tag{3.24}$$

$$\dot{Z}_{bc} = \frac{\dot{Z}_a\dot{Z}_b + \dot{Z}_b\dot{Z}_c + \dot{Z}_c\dot{Z}_a}{\dot{Z}_a} \tag{3.25}$$

$$\dot{Z}_{ca} = \frac{\dot{Z}_a\dot{Z}_b + \dot{Z}_b\dot{Z}_c + \dot{Z}_c\dot{Z}_a}{\dot{Z}_b} \tag{3.26}$$

公式を覚えるコツは，分母が変換後にない添字，分子は2つの素子の積の合計となっている．

[例題3.4]

図3.8の回路の合成抵抗値R_0 [Ω] を求めよ.

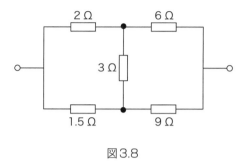

図3.8

解き方

図3.9のようにa-b-cで囲われた抵抗をΔ結線とみなし，Y回路に変換する.

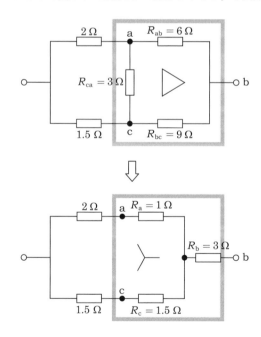

図3.9　回路右側のΔ-Y変換

Δ-Y変換したときの変換後の各抵抗値は

$$R_{a} = \frac{R_{ab}R_{ca}}{R_{ab} + R_{bc} + R_{ca}} = \frac{6 \times 3}{6 + 9 + 3} = \frac{18}{18} = 1\ \Omega \tag{3.27}$$

$$R_{b} = \frac{R_{ab}R_{bc}}{R_{ab} + R_{bc} + R_{ca}} = \frac{6 \times 9}{6 + 9 + 3} = \frac{54}{18} = 3\ \Omega \tag{3.28}$$

$$R_{c} = \frac{R_{ca}R_{bc}}{R_{ab} + R_{bc} + R_{ca}} = \frac{3 \times 9}{6 + 9 + 3} = \frac{27}{18} = 1.5\ \Omega \tag{3.29}$$

となる．よって，この回路の合成抵抗値 R_0 は

$$R_{0} = \frac{1}{\dfrac{1}{2+1} + \dfrac{1}{1.5+1.5}} + 3 = \frac{1}{\dfrac{1}{3} + \dfrac{1}{3}} + 3 = \frac{3}{1+1} + 3 = 4.5\ \Omega$$

$$\tag{3.30}$$

と求められる．

 電卓の操作方法

式 (3.27) から式 (3.29) の分母は18となる．また，分子を計算しておくと，定数を18とした計算ができる．

$$R_{a} = \frac{R_{ab}R_{ca}}{R_{ab} + R_{bc} + R_{ca}} = \frac{6 \times 3}{6 + 9 + 3} = \frac{18}{18} = 1\ \Omega$$

$$R_{b} = \frac{R_{ab}R_{bc}}{R_{ab} + R_{bc} + R_{ca}} = \frac{6 \times 9}{6 + 9 + 3} = \frac{54}{18} = 3\ \Omega$$

$$R_{c} = \frac{R_{ca}R_{bc}}{R_{ab} + R_{bc} + R_{ca}} = \frac{3 \times 9}{6 + 9 + 3} = \frac{27}{18} = 1.5\ \Omega$$

3つの式は分母が同じなので，定数計算ができる．

【カシオ】

| 6 | × | 3 | = | 18 |

| 6 | × | 9 | = | 54 |

| 3 | × | 9 | = | 27 |

| 6 | + | 9 | + | 3 | = | 18 |

| ÷ | ÷ | 18 | = | 1 |

| 54 | = | 3 |

| 27 | = | 1.5 |

【シャープ】

| 6 | × | 3 | = | 18 |

| 6 | × | 9 | = | 54 |

| 3 | × | 9 | = | 27 |

| 6 | + | 9 | + | 3 | = | 18 |

| 18 | ÷ | 18 | = | 1 |

| 54 | = | 3 |

| 27 | = | 1.5 |

$$R_0 = \cfrac{1}{\cfrac{1}{2+1} + \cfrac{1}{1.5+1.5}} + 3 = \cfrac{1}{\cfrac{1}{3} + \cfrac{1}{3}} + 3 = \frac{3}{1+1} + 3 = 4.5\,\Omega$$

式を整理すると

$$R_0 = \frac{3}{2} + 3$$

となる.

| 3 | ÷ | 2 | + | 3 | = | 4.5 |

(答)　4.5 Ω

【電験問題にチャレンジ②】

　図3.10のように直流電源と4個の抵抗からなる回路がある．この回路において20 Ωの抵抗に流れる電流 I の値[A]として，最も近いものを次の(1)～(5)のうちから一つ選べ．

(1)　0.5　　　　(2)　0.8　　　　(3)　1.0　　　　(4)　1.2　　　　(5)　1.5

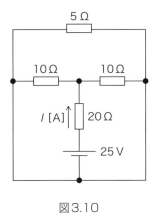

図3.10

［平成29年度 電験第3種 理論 問5］

解き方

　回路の上部を図3.11のようにΔ-Y変換する．

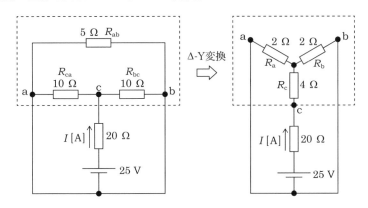

図3.11　回路の上部をΔ-Y変換する

Δ-Y変換後のY結線の各抵抗値は

$$R_{\mathrm{a}} = \frac{R_{\mathrm{ab}}R_{\mathrm{ca}}}{R_{\mathrm{ab}} + R_{\mathrm{bc}} + R_{\mathrm{ca}}} = \frac{5 \times 10}{5 + 10 + 10} = \frac{50}{25} = 2\ \Omega \qquad (3.31)$$

$$R_{\mathrm{b}} = \frac{R_{\mathrm{ab}}R_{\mathrm{bc}}}{R_{\mathrm{ab}} + R_{\mathrm{bc}} + R_{\mathrm{ca}}} = \frac{5 \times 10}{5 + 10 + 10} = \frac{50}{25} = 2\ \Omega \qquad (3.32)$$

$$R_{\mathrm{c}} = \frac{R_{\mathrm{ca}}R_{\mathrm{bc}}}{R_{\mathrm{ab}} + R_{\mathrm{bc}} + R_{\mathrm{ca}}} = \frac{10 \times 10}{5 + 10 + 10} = \frac{100}{25} = 4\ \Omega \qquad (3.33)$$

となる．また，Y変換した上部2つの抵抗は並列接続となるため，回路の合成抵抗値R_0は

$$R_0 = \frac{2 \times 2}{2 + 2} + 4 + 20 = 1 + 24 = 25\ \Omega \qquad (3.34)$$

となる．よって，20 Ωの抵抗に流れる電流Iの値[A]は

$$I = \frac{E}{R_0} = \frac{25}{25} = 1\ \mathrm{A} \qquad (3.35)$$

と求められる．

(答) (3)

電卓の操作方法

$$R_{\mathrm{a}} = \frac{R_{\mathrm{ab}}R_{\mathrm{ca}}}{R_{\mathrm{ab}} + R_{\mathrm{bc}} + R_{\mathrm{ca}}} = \frac{5 \times 10}{5 + 10 + 10} = \frac{50}{25} = 2\ \Omega$$

$$R_{\mathrm{b}} = \frac{R_{\mathrm{ab}}R_{\mathrm{bc}}}{R_{\mathrm{ab}} + R_{\mathrm{bc}} + R_{\mathrm{ca}}} = \frac{5 \times 10}{5 + 10 + 10} = \frac{50}{25} = 2\ \Omega$$

$$R_{\mathrm{c}} = \frac{R_{\mathrm{ca}}R_{\mathrm{bc}}}{R_{\mathrm{ab}} + R_{\mathrm{bc}} + R_{\mathrm{ca}}} = \frac{10 \times 10}{5 + 10 + 10} = \frac{100}{25} = 4\ \Omega$$

R_aとR_bの式が同じ意味合いとなるので，定数計算を1回減らすことができる．

【カシオ】

| 5 | × | 10 | = | 50 |

| 10 | × | 10 | = | 100 |

| 5 | + | 10 | + | 10 | = | 25 |

| ÷ | ÷ | 50 | = | 2 |

| 100 | = | 4 |

【シャープ】

| 5 | × | 10 | = | 50 |

| 10 | × | 10 | = | 100 |

| 5 | + | 10 | + | 10 | = | 25 |

| 50 | ÷ | 25 | = | 2 |

| 100 | = | 4 |

$$I = \frac{E}{R_0} = \frac{25}{25} = 1\,\text{A}$$

| 25 | ÷ | 25 | = | 1 |

(答) (3)

第4講座
複素数とベクトルの計算

4.1 虚数と複素数

　電験に合格するためには虚数，複素数という数は避けて通れない．虚数は2乗して−1になる数のことで，自然には存在しない数である．

　虚数は一般的にiで表される．ただし電気数学では電流の瞬時値の記号としてもiが使用されるため，虚数の記号にjを使用する．

$$j = \sqrt{-1} \tag{4.1}$$

$$j^2 = -1 \tag{4.2}$$

　実数（Re）と虚数（Im）を組み合わせた数を複素数という．実数をa，虚数をjbとすると以下のように表記される．

$$\dot{Z} = a + jb \tag{4.3}$$

　また，複素数の絶対値（大きさ）はピタゴラスの定理により

$$Z = |\dot{Z}| = \sqrt{a^2 + b^2} \tag{4.4}$$

と求めることができる．

　実数と虚数の関係は図4.1のようになり，この平面を複素平面という．複素数の計算は，複素平面上で実数と虚数の大きさを描き，その大きさは実数と虚数の向きの合成となる．この大きさの向きをベクトルという．

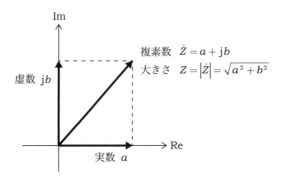

図4.1　複素平面とベクトルの表し方

4.2　複素数はどこで使われるか

　では複素数は電気数学のどの分野で使用されるのだろうか．第3講座では定数計算の例として直流電源で素子に抵抗を使用した．直流では抵抗に電流が流れると電力を消費する．

　しかし，回路にはコイルとコンデンサという素子もある．直流回路ではコイルは短絡，コンデンサは電荷を蓄えるため電流は流れないものと考えるが，交流回路ではこれらの素子にも電流が流れるため，数値として考慮しなければならない．

　コイルやコンデンサに交流の電流を流したときの，電流の流れにくさをリアクタンス $(X：単位[\Omega])$ という．またコイルは誘導性リアクタンス (X_L)，コンデンサは容量性リアクタンス (X_C) という．なお抵抗は実数値，コイル，コンデンサのリアクタンスは虚数値であり，その性質上，以下のように表される．

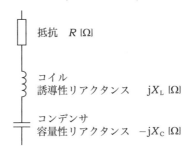

図4.2　各素子のインピーダンスの関係

図4.2の場合，3つの素子を直列に接続した場合の値は

$$\dot{Z} = R + jX = R + j(X_L - X_C)\,[\Omega] \tag{4.5}$$

と表され，この複素数 $\dot{Z}$ をインピーダンスと呼ぶ．

4.3　複素数とベクトル

複素数の計算は実数同士，虚数同士で加算，減算ができる．

$$(a + jb) + (c + jd) = (a + c) + j(b + d) \tag{4.6}$$

$$(a + jb) - (c + jd) = (a - c) + j(b - d) \tag{4.7}$$

ここで式（4.5）を確認してほしい．インピーダンス $\dot{Z}$ は抵抗 R が実数，リアクタンス jX が虚数の合成値である．この複素数は，実数を横軸，虚数を縦軸に表した複素数平面で直角座標表示を行うことができ，その大きさをベクトル値として表すことができる．

［例題4.1］

次の素子を直列に接続したときのインピーダンスの大きさを求めよ．
⑴　3 Ωの抵抗と4 Ωの誘導性リアクタンスをもつコイル
⑵　12 Ωの抵抗と5 Ωの容量性リアクタンスをもつコンデンサ

解き方

図4.1に倣って，本題のインピーダンスを複素平面上に描いてみよう．
⑴は3 Ωの実数とj4 Ωのリアクタンスとして複素平面にベクトルを図4.3のように記載する．

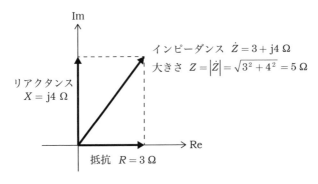

図4.3　複素平面でインピーダンスを表す①

　合成インピーダンスの大きさ（絶対値）は複素平面上で実数と虚数が直角に配置されていることから，三平方の定理（ピタゴラスの定理）により

$$Z = \left| \dot{Z} \right| = \sqrt{3^2 + 4^2} = \sqrt{25} = 5 \ \Omega \tag{4.8}$$

と求められる．なお代数に符号（ドット）が付されているものはベクトル値として表される．電気数学の場合，ドットが付された代数は複素数と考えて差し支えない．結局のところ，ベクトルの合成は複素数の計算により求められることができる．

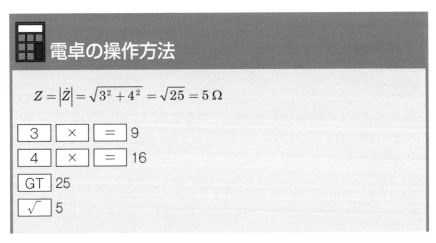

累積計算を使用しない場合は，外部メモリーを使用して計算する．

| 3 | × | M+ | 9 |

| 4 | × | M+ | 16 |

| MR | 25 |

| √ | 5 |

(答) 5 Ω

┌ **入力のヒント** ────────────────────

　電卓で2乗の計算を行うときは，数値を入力した後に × = とキー操作することで，再び数値を入力することなく計算できる．インピーダンスの大きさは，実数の2乗と虚数の2乗をそれぞれ求め，累積値を呼び出して最後に開平計算を行うと素早く導き出すことができる．

(2)は 12 Ω の実数と −j5 Ω のリアクタンスとして複素平面にベクトルを図4.4のように記載する．

インピーダンスの大きさは，
2乗の計算と累積計算を活用
しよう！

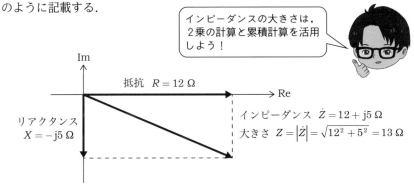

図4.4　複素平面でインピーダンスを表す②

この回路のインピーダンスの大きさは式（4.4）により

$$Z = \left| \dot{Z} \right| = \sqrt{12^2 + 5^2} = \sqrt{169} = 13 \ \Omega \tag{4.9}$$

と求められる．

電卓の操作方法

$$\dot{Z} = |\dot{Z}| = \sqrt{12^2 + 5^2} = \sqrt{169} = 13\,\Omega$$

| 12 | × | = | 144 |

| 5 | × | = | 25 |

| GT | 169 |

| √ | 13 |

累積計算を使用しない場合は，独立メモリーを使用して計算する．

| 12 | × | M+ | 144 |

| 5 | × | M+ | 25 |

| MR | 169 |

| √ | 13 |

（答）　13 Ω

[例題4.2]

抵抗の大きさが20 Ω，コイルのリアクタンスの大きさが25 Ω，コンデンサのリアクタンスの大きさが4 Ωの素子を図4.1のように直列に接続したときの合成インピーダンスを複素平面上に記載し，その大きさを求めよ．

解き方

この回路の合成インピーダンスは

$$\dot{Z} = R + j(X_L - X_C) = 20 + j(25 - 4) = 20 + j21\,\Omega \qquad (4.10)$$

となり，複素平面上で表すと図4.5の通りとなる．

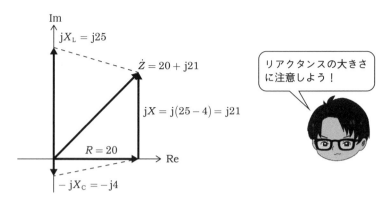

図4.5 複素平面でインピーダンスを表す③

この回路のインピーダンスの大きさは式（4.4）により

$$Z = \left|\dot{Z}\right| = \sqrt{20^2 + 21^2} = \sqrt{841} = 29 \, \Omega \tag{4.11}$$

と求めることができる.

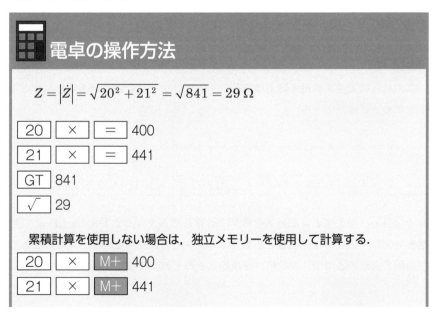

| MR | 841 |
| $\sqrt{}$ | 29 |

(答)　29 Ω

4.4　複素数の乗算

複素数の乗算は，式（4.2）の通り，$j^2 = -1$ になることに注意して計算する．

$$(a + jb)(c + jd) = (ac - bd) + j(ad + bc) \tag{4.12}$$

$$(x + jy)z = xz + jyz \tag{4.13}$$

[例題 4.3]

合成インピーダンスが 20 + j21 Ω の負荷に 3.5 A の電流が流れたとき，この負荷の電圧降下の値（複素数）と，その大きさを求めよ．

解き方

この負荷に発生する電圧降下は負荷のインピーダンスに電流を掛け合わせることで求めることができる．

$$\dot{V} = I\dot{Z} = 3.5 \times (20 + j21) = 70 + j73.5 \text{ V} \tag{4.14}$$

$$V = \left|\dot{V}\right| = \sqrt{70^2 + 73.5^2} = \sqrt{10\,302.25} = 101.5 \text{ V} \tag{4.15}$$

では負荷に発生する電圧降下を電卓で計算してみよう．まず式（4.14）に定数計算を使い，電圧降下の実数と虚数を求めてから 2 乗計算を行う．複素数と大きさの両方を求めるので，実数値，虚数値はそれぞれメモ等に記載しておくこと．

電卓の操作方法

$\dot{V} = \dot{I}\dot{Z} = 3.5 \times (20 + \mathrm{j}21) = 70 + \mathrm{j}73.5 \text{ V}$

【カシオ】

| 3 | ・ | 5 | × | × | 20 | = | 70

| 21 | = | 73.5

【シャープ】

| 3 | ・ | 5 | × | 20 | = | 70

| 21 | = | 73.5

（答） 70 + j73.5 V

累積メモリーを使いたいときは、 AC キーを押してメモリー内を空にすること.

$V = |\dot{V}| = \sqrt{70^2 + 73.5^2} = \sqrt{10\,302.25} = 101.5 \text{ V}$

| AC | ※ここで一旦累積メモリーを消去する. シャープは CA キーで全消去できるほか, GT キーを2回押すことでも消去できる.

| 70 | × | = | 4 900

| 73 | ・ | 5 | × | = | 5 402.25

| GT | 10 302.25

| √ | 101.5

累積メモリーを使わず，独立メモリーを使用する場合は以下の通り.

| 70 | × | M+ | 4 900

| 73 | ・ | 5 | × | M+ | 5 402.25

| MR | 10 302.25

| √ | 101.5

（答） 101.5 V

4.5　複素数の除算

　複素数の除算は，分母に複素数がある場合は有理化し，実数に変換したのち計算する．複素数の有理化には，式の展開（乗法公式）を利用する．

$$(\alpha + \beta)(\alpha - \beta) = \alpha^2 - \beta^2 \tag{4.16}$$

β が虚数値の場合，$j^2 = -1$ を利用すれば

$$(\alpha + j\beta)(\alpha - j\beta) = \alpha^2 + \beta^2 \tag{4.17}$$

となる．したがって複素数の除算は以下のように計算できる．

$$\frac{a + jb}{c + jd} = \frac{(a + jb)(c - jd)}{(c + jd)(c - jd)} = \frac{(a + jb)(c - jd)}{c^2 + d^2}$$

$$= \frac{(ac + bd) + j(bc - ad)}{c^2 + d^2} \tag{4.18}$$

$$\frac{z}{x + jy} = \frac{z(x - jy)}{(x + jy)(x - jy)} = \frac{xz - jyz}{x^2 + y^2} \tag{4.19}$$

[例題4.4]

　抵抗の大きさが20 Ω，コイルのリアクタンスの大きさが25 Ω，コンデンサのリアクタンスの大きさが4 Ωの素子を図4.6のように並列に接続したとき，合成インピーダンスの大きさを求めよ．

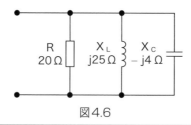

図4.6

解き方

回路が並列となった場合，合成インピーダンスは

$$\dot{Z} = \cfrac{1}{\cfrac{1}{R} + \cfrac{1}{jX_L} - \cfrac{1}{jX_C}} = \cfrac{1}{\cfrac{1}{R} + j\left(\cfrac{1}{X_C} - \cfrac{1}{X_L}\right)} \tag{4.20}$$

と表すことができる．ゆえにこの回路の合成インピーダンスは

$$\dot{Z} = \cfrac{1}{\cfrac{1}{20} + \cfrac{1}{j25} - \cfrac{1}{j4}} = \cfrac{1}{\cfrac{1}{20} + j\left(\cfrac{1}{4} - \cfrac{1}{25}\right)} = \cfrac{1}{\cfrac{1}{20} + j\left(\cfrac{25}{100} - \cfrac{4}{100}\right)}$$

$$= \cfrac{1}{\cfrac{5}{100} + j\cfrac{21}{100}} = \cfrac{100}{5 + j21} = \cfrac{100(5 - j21)}{(5 + j21)(5 - j21)} = \cfrac{500 - j2\,100}{25 + 441}$$

$$= \cfrac{500 - j2\,100}{466} \fallingdotseq 1.073\,0 - j4.506\,4 \ \Omega \tag{4.21}$$

$$Z = \left|\dot{Z}\right| = \sqrt{1.073\,0^2 + (-4.506\,4)^2} \fallingdotseq 4.632\,4 \ \Omega \tag{4.22}$$

　並列回路の合成インピーダンスを求めるときは，ある程度式を整理して電卓で計算しやすい状態をつくっておく．式（4.19）の途中にある分子の整理及び分母にある複素数を有理化するところから，電卓を使用して計算してみよう．インピーダンスについては一旦複素数を求め，最後に大きさを求める計算方法について解説する．

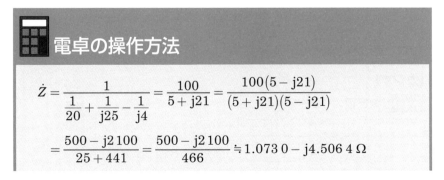

電卓の操作方法

$$\dot{Z} = \cfrac{1}{\cfrac{1}{20} + \cfrac{1}{j25} - \cfrac{1}{j4}} = \cfrac{100}{5 + j21} = \cfrac{100(5 - j21)}{(5 + j21)(5 - j21)}$$

$$= \cfrac{500 - j2\,100}{25 + 441} = \cfrac{500 - j2\,100}{466} \fallingdotseq 1.073\,0 - j4.506\,4 \ \Omega$$

【カシオ】

| 100 | × | × | 5 | = | 500 |

| 21 | = | 2 100 |

| AC | ※累積メモリーを消去する.

| 5 | × | = | 25 |

| 21 | × | = | 441 |

| GT | 466 |

| ÷ | ÷ | 500 | = | 1.072 961 373 39　※複素数の実数値 |

| 2100 | = |　4.506 437 768 24　※複素数の虚数値 |

分母を有理化することで，定数計算ができる.

【シャープ】

| 100 | × | 5 | = | 500 |

| 21 | = | 2 100 |

| CA | ※累積メモリーを消去する.　| GT | キーを2回押すことでも消去できる.

| 5 | × | = | 25 |

| 21 | × | = | 441 |

| GT | 466 |

| 500 | ÷ | GT | = | 1.072 961 373 39　※複素数の実数値 |

| 2100 | = |　4.506 437 768 24　※複素数の虚数値 |

$$Z = \left| \dot{Z} \right| = \sqrt{1.073\,0^2 + (-4.506\,4)^2} \fallingdotseq 4.632\,4\ \Omega$$

【カシオ】

| AC | ※累積メモリーを消去する.

| 1 | ・ | 073 | × | = | 1.151 329 |

| 4 | ・ | 5064 | × | = |　20.307 640 96 |

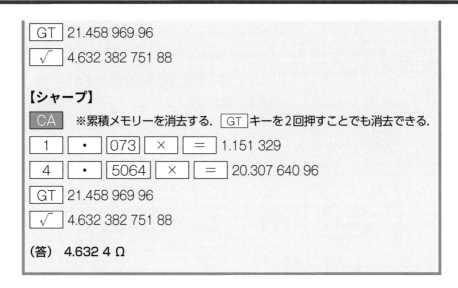

| GT | 21.458 969 96 |
| √ | 4.632 382 751 88 |

【シャープ】

CA	※累積メモリーを消去する. GT キーを2回押すことでも消去できる.
1 ・ 073 × =	1.151 329
4 ・ 5064 × =	20.307 640 96
GT	21.458 969 96
√	4.632 382 751 88

(答)　4.632 4 Ω

　複素数についてはすべての数字を再入力すると時間と手間，誤操作の恐れがあるため5桁で計算を行った．この場合小数点以下で真値より若干異なる数値が算出され，誤差が含まれる．誤差を少なくするためには，できるだけ電卓で算出された数値をそのまま使用したい．この場合，累積メモリーと独立メモリーの複合により計算していく．

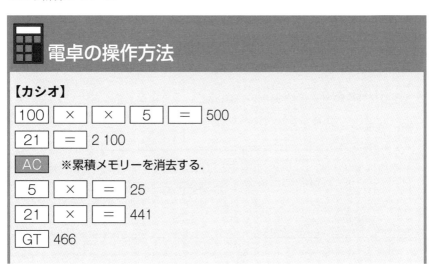

電卓の操作方法

【カシオ】

100 × × 5 =	500
21 =	2 100
AC	※累積メモリーを消去する.
5 × =	25
21 × =	441
GT	466

| 500 | ÷ | GT | × | 1.072 961 373 39 | ※複素数の実数値 |

M+ 1.151 246 108 78　※複素数の実数値の２乗

| 2100 | ÷ | GT | × | 4.506 437 768 24 | ※複素数の虚数値 |

M+ 20.307 981 359　※複素数の虚数値の２乗

MR 21.459 227 467 7

√ 4.632 410 546 1

【シャープ】

| 100 | × | 5 | = | 500 |

| 21 | = | 2 100 |

CA ※累積メモリーを消去する.

| 5 | × | = | 25 |

| 21 | × | = | 441 |

GT 466

| 500 | ÷ | GT | × | 1.072 961 373 39 | ※複素数の実数値 |

M+ 1.151 246 108 78　※複素数の実数値の２乗

| 2100 | ÷ | GT | × | 4.506 437 768 24 | ※複素数の虚数値 |

M+ 20.307 981 359　※複素数の虚数値の２乗

RM 21.459 227 467 7

√ 4.632 410 546 1

(答)　4.632 4 Ω

┌─ **入力のヒント** ─────────
　累積メモリーは = キーを押すと反応するが, M+ キーでは反応しない. これにより累積メモリーの値を残したまま, インピーダンスの大きさを一気に求めることができる. 何より誤入力が少ないうえ, 真値に近づく精度の高い計算ができる.

【電験問題にチャレンジ】

図4.7のように線間電圧200 V，周波数50 Hzの対称三相交流電源にRLC負荷が接続されている．$R = 10\ \Omega$，電源角周波数を ω [rad/s]として，$\omega L = 10\ \Omega$，$\dfrac{1}{\omega C} = 20\ \Omega$ である．次の(a)及び(b)の問に答えよ．

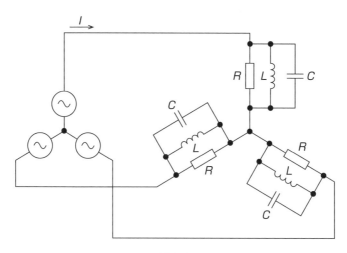

図4.7

(a) 電源電流 I の値[A]として，最も近いものを次の(1)〜(5)のうちから一つ選べ．

(1) 7 　　(2) 10 　　(3) 13 　　(4) 17 　　(5) 22

(b) 三相負荷の有効電力の値[kW]として，最も近いものを(1)〜(5)のうちから一つ選べ．

(1) 1.3 　　(2) 2.6 　　(3) 3.6 　　(4) 4.0 　　(5) 12

［令和元年度 電験第3種 理論 問16］

解き方

(a) 図4.7の回路は対称三相交流回路なので，電源電流 I については一相分の回路で計算する．題意により電源電圧が線間電圧で提示されているので，相電圧を求める．相電圧を E とすると

$$E = \frac{200}{\sqrt{3}} \text{ V} \tag{4.23}$$

次に，負荷の各素子に流れる電流を求める．

$$\dot{I}_R = \frac{\frac{200}{\sqrt{3}}}{10} = \frac{20}{\sqrt{3}} \text{ A} \tag{4.24}$$

$$\dot{I}_L = \frac{\frac{200}{\sqrt{3}}}{j10} = -j\frac{20}{\sqrt{3}} \text{ A} \tag{4.25}$$

$$\dot{I}_C = \frac{\frac{200}{\sqrt{3}}}{-j20} = j\frac{10}{\sqrt{3}} \text{ A} \tag{4.26}$$

$$\dot{I} = \dot{I}_R + \dot{I}_L + \dot{I}_C = \frac{20}{\sqrt{3}} + j\left(\frac{10}{\sqrt{3}} - \frac{20}{\sqrt{3}}\right) = \frac{20}{\sqrt{3}} - j\frac{10}{\sqrt{3}} \text{ A} \tag{4.27}$$

よって，この回路の電源電流 I は

$$I = \left|\dot{I}\right| = \sqrt{\left(\frac{20}{\sqrt{3}}\right)^2 + \left(-\frac{10}{\sqrt{3}}\right)^2} = 12.910 \text{ A} \tag{4.28}$$

(答) (3)

(b) 一相あたりの有効電力は，抵抗に電流が流れることにより消費される．一相あたりの有効電力を P_1，三相分の有効電力を P_3 とすると，

$$P_1 = \dot{I}_R{}^2 R = \left(\frac{20}{\sqrt{3}}\right)^2 \times 10 = \frac{4\,000}{3} \text{ W} \tag{4.29}$$

$$P_3 = 3P_1 = 4\,000 \text{ W} \tag{4.30}$$

(答) (4)

　以上の式を電卓で解いていくのだが，すべての式を電卓で計算するのではなく，ある程度手計算で進めて整え，途中から電卓を使用するとよい．この問題であれば，式 (4.28) まで整理し絶対値を求めるところから電卓を使用するとよい．

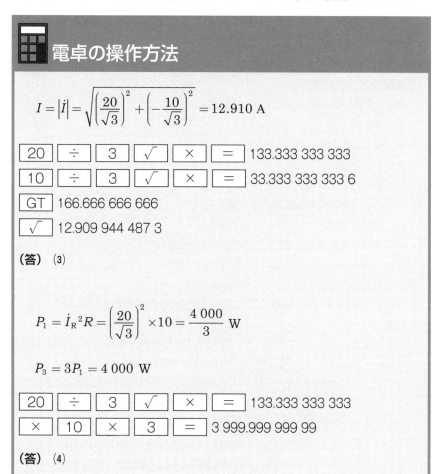

コラム2

道具の選び方と使い方

　今回は電験をマークシート式で受験する方を対象に，道具の選び方と使い方について解説しようと思います.

　さて，電験を受験するにあたり，当日持参するものについてまとめると,

- 受験票
- 鉛筆またはシャープペンシル
- 消しゴム
- ルーペまたは虫眼鏡
- 時計（通信機能をもつものは使用不可）
- 透明な定規
- 電卓（関数電卓，プログラムが使用できる電卓は使用不可）

となっております. このうち受験票以外のすべての道具は，受験生それぞれで任意の物をもっていけることになります.

　まずは本書で触れている電卓. これは本書を参考に，使い慣れたものをもっていってください.

　次に鉛筆またはシャープペンシル. マークシートはHBを推奨しておりますが，筆者の体感では色が若干濃く，芯が柔らかいBを選択しても問題ありません. 芯が柔らかいことから，ほどよくペンが走ります. ただ，マークを間違えたときはしっかりと消す必要があります.

　消しゴムについてはどうでしょう. 四角いプラスチック消しゴムで十分ですが，ペン型や，三角形など先が尖っているものは，先端を使って細かい箇所だけを消すといったことができます. こちらに関しては好みが分かれるかも知れません. 電験第3種の場合はマークシートの間隔が大きいことから，そこまで厳密に考える必要はないのかも知れませんね.

　ルーペは文字を拡大させるのに役立ちますが，虫眼鏡のような明らかに場所を取るものはお勧めできません. 持っていかれる方は，なるべくコンパクトに収まるものをもっていきましょう.

　さて，ここで疑問に感じるのは定規です. 電験第3種は5択のマークシートから，正し

い選択肢を一つ塗りつぶす答案を作成していきます．となると定規を使う必要はないので？ と思われる方が大半だと思います．では，なぜ試験センターはわざわざ透明な定規をもってくるよう指定しているのでしょうか．

　定規の使い方，それはズバリ「自分が今，何問目を解いているか，行を間違えないようにするため」です．

　マークシート試験の怖いところは，たとえ正解を導き出したとしても，答案の行を間違えると不正解になるということです．解いている問題の番号を確認し，マークシートに定規を当てて確認しながら選択肢を塗りつぶすと，少なくとも行を間違えたことによる不正解はなくなります．

　なお，試験センターからもってきてもよいとされているのは「透明な定規」です．不透明な定規であれば，試験前に机に公式の一つでも書いて隠すことができてしまいますよね．これは不正行為になります．試験センターの指示に従って，必ず透明な定規をもっていくようにしましょう．

　以上から，道具の選び方一つがちょっとしたタイムロスを生んだり，逆に時間を稼げたりすることができるわけです．どうせなら1分，1秒でも試験の問題を解くのに多く時間を割きたいですよね．ですから受験までの間，一度でよいので文房具専門店に足を運んで，使いやすい筆記用具を手に取っていただけたらと思います．道具一つをとっても，決して馬鹿にすることはできません．

第5講座
三角比の計算

　直角三角形の場合，三辺のうち2本の線分の比率は，直角以外の角度によって決まっている．ある辺の長さと対応する比率がわかっていれば，その2本だけで他の辺の長さを求めることも可能である．このような直角三角形の比率を三角比という．

5.1　複素平面から見る三角比

　第4講座では複素数を平面上に描き，ベクトル表示できることを解説した．改めてベクトルを見ると，複素数の実数が底辺，虚数が高さ，大きさが斜辺で構成される直角三角形であることがわかる．図5.1のような角Cを直角とした直角三角形の場合，角Bの角度$\theta°$による各辺の比率を三角比という．三角比のうち代表的なものとして，以下がある．

・正弦（sin・サイン）＝高さ÷斜辺 　　　　　　　　　　　　　　　　　　（5.1）

・余弦（cos・コサイン）＝底辺÷斜辺 　　　　　　　　　　　　　　　　（5.2）

・正接（tan・タンジェント）＝高さ÷底辺 　　　　　　　　　　　　　（5.3）

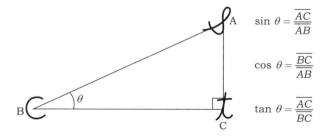

$$\sin \theta = \frac{\overline{AC}}{\overline{AB}}$$

$$\cos \theta = \frac{\overline{BC}}{\overline{AB}}$$

$$\tan \theta = \frac{\overline{AC}}{\overline{BC}}$$

図5.1　各辺と三角比の関係

　三角比の計算方法の覚え方として，それぞれのアルファベットの頭文字を筆記体で書いて三角形の角に当てはめると良い．正弦（sin）の場合，角Aに正接の頭文字sを当てはめると，斜辺が分母，高さが分子であることがわかる．余弦（cos）は角B，正接（tan）は角Cを当てはめるとよい．

　正弦（sin）と余弦（cos）は，絶対値が1を超えることがない．参考までに代表的な角度の三角比を表5.1にまとめる．数値を覚えておくとよいが，30°，45°，60°については，図5.2を見ながら，式（5.1）から式（5.3）を当てはめて実際に計算してみてほしい．

表5.1　代表的な角度の三角比

	0°	30°	45°	60°	90°	120°	135°	150°	180°
$\sin\theta$	0	$\dfrac{1}{2}$	$\dfrac{1}{\sqrt{2}}$	$\dfrac{\sqrt{3}}{2}$	1	$\dfrac{\sqrt{3}}{2}$	$\dfrac{1}{\sqrt{2}}$	$\dfrac{1}{2}$	0
$\cos\theta$	1	$\dfrac{\sqrt{3}}{2}$	$\dfrac{1}{\sqrt{2}}$	$\dfrac{1}{2}$	0	$-\dfrac{1}{2}$	$-\dfrac{1}{\sqrt{2}}$	$-\dfrac{\sqrt{3}}{2}$	-1
$\tan\theta$	0	$\dfrac{1}{\sqrt{3}}$	1	$\sqrt{3}$	$-$	$-\sqrt{3}$	-1	$-\dfrac{1}{\sqrt{3}}$	0

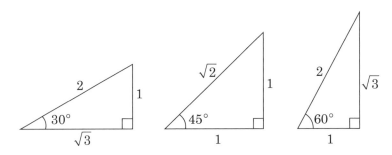

図5.2　代表的な直角三角形

　斜辺の大きさを1としたとき，底辺が$\cos\theta$，高さが$\sin\theta$となる直角三角形で表され，三角比同士で以下の関係が成立する．

$$\sin^2\theta + \cos^2\theta = 1 \tag{5.4}$$

$$\sin \theta = \sqrt{1 - \cos^2 \theta} \tag{5.5}$$

$$\cos \theta = \sqrt{1 - \sin^2 \theta} \tag{5.6}$$

$$\tan \theta = \frac{\sin \theta}{\cos \theta} \tag{5.7}$$

三角比同士の関係
は重要！

5.2 三角比と有効電力，無効電力の関係

　抵抗で消費される電力は有効電力というのに対し，リアクタンスで消費される電力は無効電力という．また有効電力と無効電力の合成値（大きさ）を皮相電力という．

　無効電力は，コイルやリアクトル（誘導性リアクタンス）に流れる電流が負（遅れ）であることから遅れ無効電力，コンデンサ（容量性リアクタンス）に流れる電流が正（進み）であることから進み無効電力という．

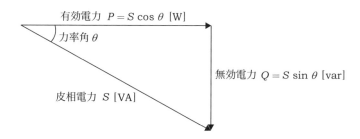

図5.3　皮相電力と有効電力および無効電力の関係

　図5.3を見ると皮相電力と有効電力の関係が余弦（$\cos \theta$）であることがわかる．この皮相電力に対して電力が有効に働いた割合を力率といい，$\cos \theta$ で表される．

[例題5.1]

遅れ力率0.8の誘導性負荷に単相100 Vの電圧を印加したところ，5 Aの電流が流れた．この誘導性負荷の有効電力[W]および遅れ無効電力[var]を求めよ．

解き方

誘導性負荷の有効電力Pは，皮相電力Sに力率$\cos\theta$を掛け合わせたものとなるため

$$P = S\cos\theta = VI\cos\theta \tag{5.8}$$

となる．よって誘導性負荷の有効電力は

$$P = 100 \times 5 \times 0.8 = 400\ \mathrm{W} \tag{5.9}$$

と求められる．また，無効電力Qは皮相電力Sに$\sin\theta$を掛け合わせたものとなるため

$$Q = S\sin\theta = VI\sin\theta \tag{5.10}$$

となる．よって誘導性負荷の遅れ無効電力は

$$Q = 100 \times 5 \times \sqrt{1 - 0.8^2} = 300\ \mathrm{var} \tag{5.11}$$

となる．

無効電力を電卓で計算する場合，平方根で囲まれた箇所を先に計算するとキー操作の回数が少なくなる．

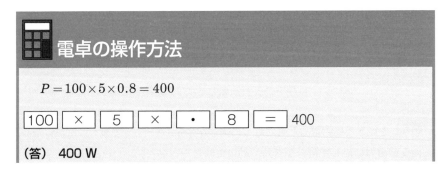

電卓の操作方法

$P = 100 \times 5 \times 0.8 = 400$

| 100 | × | 5 | × | ・ | 8 | = | 400 |

(答)　400 W

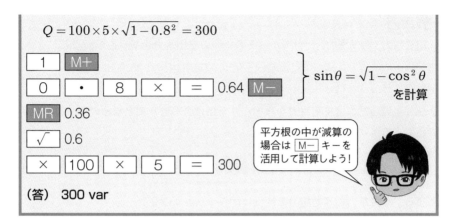

$$Q = 100 \times 5 \times \sqrt{1 - 0.8^2} = 300$$

（答）　300 var

（別解）

皮相電力 S と有効電力 P が算出できれば，図5.2の関係（ピタゴラスの定理）から無効電力 Q を求めることができる．すなわち

$$Q = \sqrt{S^2 - P^2} = \sqrt{500^2 - 400^2} = 300 \text{ var} \tag{5.12}$$

電卓の操作方法

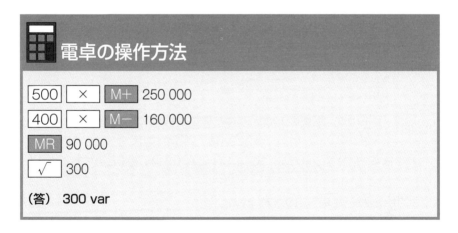

（答）　300 var

[例題5.2]

消費電力 40 kW の負荷の力率が遅れ 0.9 となっている．この負荷の力率を 1.0 にするため必要な並列コンデンサの容量 [kvar] を求めよ．

解き方

消費電力（有効電力）と力率からこの負荷の皮相電力[kVA]を求めると

$$40 \div 0.9 = 44.444 \ \text{kVA} \tag{5.13}$$

となり，無効電力は皮相電力から $\sin \theta$ を掛け合わせた値となるので，この負荷で発生する無効電力[kvar]は

$$44.444 \times \sqrt{1 - 0.9^2} = 44.444 \times 0.435\,89 = 19.373 \ \text{kvar} \tag{5.14}$$

となる．消費電力と無効電力の関係は図5.4のようになる．

有効電力 P
無効電力 Q
皮相電力 S の関係を理解しよう．

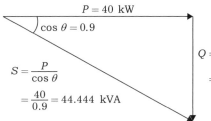

$P = 40 \ \text{kW}$

$\cos \theta = 0.9$

$S = \dfrac{P}{\cos \theta}$

$\quad = \dfrac{40}{0.9} = 44.444 \ \text{kVA}$

$Q = P \tan \theta = P \dfrac{\sin \theta}{\cos \theta}$

$\quad = \dfrac{40}{0.9} \times \sqrt{1 - 0.9^2} = 19.373 \ \text{kvar}$

図5.4　有効電力から皮相電力および無効電力を求める

これを電卓で計算するのだが，式（5.13）と式（5.14）をまとめて整理すると

$$\frac{40}{0.9} \times \sqrt{1 - 0.9^2} = 19.373 \ \text{kvar} \tag{5.15}$$

となる．この場合でも，平方根で囲まれた箇所を先に計算するとキー操作の回数が少なくなる．

さて，力率1.0にするということは，求めた無効電力を相殺して0にすればよいので，並列コンデンサの容量は，負荷で発生している無効電力が同じ容量となる．

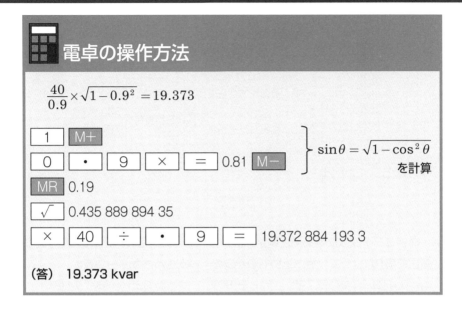

電卓の操作方法

$$\frac{40}{0.9} \times \sqrt{1 - 0.9^2} = 19.373$$

| 1 | M+ |

| 0 | ・ | 9 | × | = | 0.81 | M- | } $\sin\theta = \sqrt{1 - \cos^2\theta}$ を計算

| MR | 0.19

| √ | 0.435 889 894 35

| × | 40 | ÷ | ・ | 9 | = | 19.372 884 193 3

（答）　19.373 kvar

〜 参考 〜

有効電力 P と力率 $\cos\theta$ が判明していると，皮相電力 S を求めることなく無効電力 Q を求めることができる.

$$Q = P\tan\theta = P\frac{\sin\theta}{\cos\theta} \ [\mathrm{var}] \tag{5.16}$$

【電験問題にチャレンジ①】

　三相3線式の高圧電路に300 kW，遅れ力率0.6の三相負荷が接続されている.この負荷と並列に進相コンデンサ設備を接続して力率改善を行うものとする. 進相コンデンサ設備は図5.5に示すように直列リアクトル付三相コンデンサとし，直列リアクトルSRのリアクタンス X_L [Ω]は，三相コンデンサSCのリアクタンス X_C [Ω]の6 ％とするとき，次の(a)及び(b)の問に答えよ.

　ただし，高圧電路の線間電圧は6 600 Vとし，無効電力によって電圧は変動しないものとする.

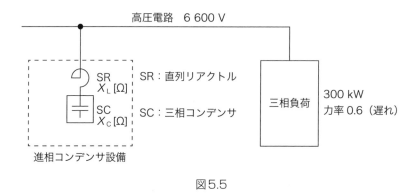

図5.5

(a)　進相コンデンサ設備を高圧電路に接続したときに三相コンデンサSCの端子電圧の値[V]として，最も近いものを次の(1)～(5)のうちから一つ選べ．

(1)　6 410　　(2)　6 795　　(3)　6 807　　(4)　6 995　　(5)　7 021

(b)　進相コンデンサを負荷と並列に接続し，力率を遅れ0.6から遅れ0.8に改善した．このとき，この設備の三相コンデンサSCの容量の値[kvar]として，最も近いものを次の(1)～(5)のうちから一つ選べ．

(1)　170　　(2)　180　　(3)　186　　(4)　192　　(5)　208

────────────────────── 【令和元年度 電験第3種 法規 問12】

解き方

(a)　電験の問題では，電圧，電流などの大きさを基準値に対する割合（本問はパーセント）で表すことがある．本問は「直列リアクトルS_RのリアクタンスX_L[Ω]は，三相コンデンサSCのリアクタンスX_C[Ω]の6 %」とあることから，進相コンデンサ設備全体を基準（100 %）と考えて計算する．線間電圧と三相コンデンサの端子電圧V_Cには以下の関係がある．

$$6\,600 : (100 - 6) = V_C : 100 \tag{5.17}$$

したがって，三相コンデンサの端子電圧の値は

$$V_C = \frac{6\,600}{\dfrac{100-6}{100}} = \frac{6\,600}{0.94} = 7\,021 \text{ V} \tag{5.18}$$

(答) (5)

この計算における電卓の操作方法は第2講座で説明した通りである．

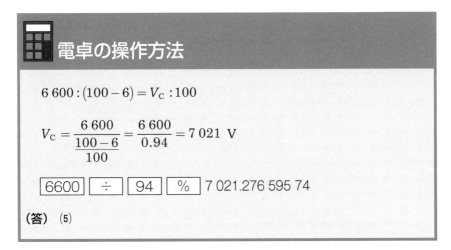

(b) 300 kWの負荷が遅れ力率0.6のときに発生する遅れ無効電力 Q_1 は

$$Q_1 = 300 \times \frac{\sqrt{1-0.6^2}}{0.6} = 400 \text{ kvar} \tag{5.19}$$

遅れ力率0.8のときに発生する遅れ無効電力 Q_2 は

$$Q_2 = 300 \times \frac{\sqrt{1-0.8^2}}{0.8} = 225 \text{ kvar} \tag{5.20}$$

したがって遅れ力率0.8に改善するのに必要な進み無効電力 Q_C は

$$Q_C = 400 - 225 = 175 \text{ kvar} \tag{5.21}$$

必要とする三相コンデンサSCの容量の値は，進み無効電力が三相コンデンサSCの容量の94％になることに注意して求める．

$$SC = \frac{175}{0.94} = 186.17 \text{ kvar} \tag{5.22}$$

（答） (3)

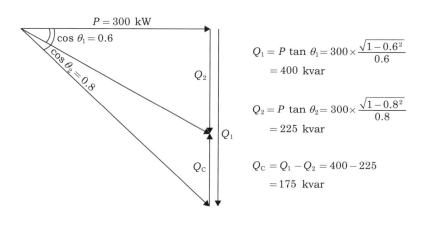

$$Q_1 = P \tan \theta_1 = 300 \times \frac{\sqrt{1-0.6^2}}{0.6}$$
$$= 400 \text{ kvar}$$

$$Q_2 = P \tan \theta_2 = 300 \times \frac{\sqrt{1-0.8^2}}{0.8}$$
$$= 225 \text{ kvar}$$

$$Q_C = Q_1 - Q_2 = 400 - 225$$
$$= 175 \text{ kvar}$$

図5.6　進相コンデンサによる無効電力の改善

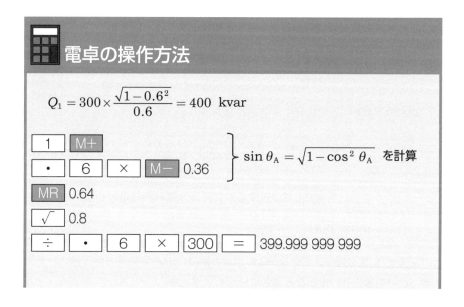

$$Q_2 = 300 \times \frac{\sqrt{1-0.8^2}}{0.8} = 225 \text{ kvar}$$

| MC | ※力率改善後の$\sin\theta_B$を求めるために独立メモリーを消去 |

| 1 | M+ |

| · | 8 | × | M− | 0.64 $\left.\right\}$ $\sin\theta_B = \sqrt{1-\cos^2\theta_B}$ を計算

| MR | 0.36

| √ | 0.6

| ÷ | · | 8 | × | 300 | = | 225

| 400 | − | 225 | ÷ | 94 | % | 186.170 212 765

(答) (3)

　式 (5.5)，式 (5.6) のような三角比の変換を行うのに，独立メモリーの活用が必須になる．また，求めた三角比を別の場面で使用したいという状況が発生することもある．この場合独立メモリーの値を消去した後，再度 M+ キーで保存するという行為が発生する．このとき MRC キーのような独立メモリーの保存と消去を兼用するキーだと，消去する前に保存値が呼び出されてしまう．ゆえに MR キーと MC キー（または RM キーと RC キー）のように別々になっているほうが良いことがわかる．

【電験問題にチャレンジ②】

　図5.7は，三相3線式変電設備を単線図で表したものである．現在，この変電設備は，a点から3 800 kV·A，遅れ力率0.9の負荷Aと，b点から2 000 kW，遅れ力率0.85の負荷Bに電力を供給している．b点の線間電圧の測定値が22 000 Vであるとき，次の(a)及び(b)の問に答えよ．

　なお，f点とa点の間は400 m，a点とb点の間は800 mで，電線1条当たりの抵抗とリアクタンスは1 km当たり0.24 Ωと0.18 Ωとする．また，負荷は平衡三相負荷とする．

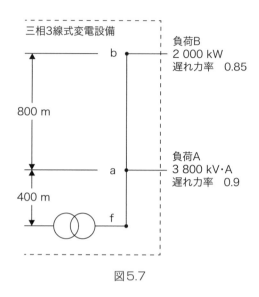

図5.7

(a) 負荷Aと負荷Bで消費される無効電力の合計値 [kvar] として，最も近いもの
を次の(1)～(5)のうちから一つ選べ．

(1) 2 710　　(2) 2 900　　(3) 3 080　　(4) 4 880　　(5) 5 120

(b) f-b間の線間電圧の電圧降下V_{fb}の値 [V] として，最も近いものを次の(1)～(5)
のうちから一つ選べ．ただし，送電端電圧と受電端電圧との相差角が小さいと
して得られる近似式を用いて解答すること．

(1) 23　　(2) 33　　(3) 59　　(4) 81　　(5) 101

【平成27年度 電験第3種 電力 問16】

解き方

図5.7をもとに皮相電力，有効電力，無効電力の関係から負荷Aと負荷Bそれ
ぞれの遅れ無効電力 [kvar] をQ_{A}，Q_{B}を求める．

$$Q_{\mathrm{A}} = S_{\mathrm{A}} \sin \theta_{\mathrm{a}} = 3\,800 \times \sqrt{1 - 0.9^2} = 3\,800 \times 0.435\,89 \fallingdotseq 1\,656.4 \ \mathrm{kvar}$$

$$(5.23)$$

$$Q_{\mathrm{B}} = S_{\mathrm{B}} \tan \theta_{\mathrm{b}} = P_{\mathrm{B}} \times \frac{\sin \theta_{\mathrm{b}}}{\cos \theta_{\mathrm{b}}}$$

$$= 2\,000 \times \frac{\sqrt{1 - 0.85^2}}{0.85} = 2\,000 \times \frac{0.527\,68}{0.85} \fallingdotseq 1\,239.5 \text{ kvar}$$

$$\text{(5.24)}$$

$$Q = Q_{\mathrm{A}} + Q_{\mathrm{B}} = 1\,656.4 + 1\,239.5 = 2\,895.9 \text{ kvar} \qquad \text{(5.25)}$$

（答） (2)

🖩 電卓の操作方法

Q_{A}とQ_{B}を累積計算により求めると，計算が早くなる．このとき，$\sin \theta_a$
および$\sin \theta_b$を計算するときに　=　キーを押さないように注意すること．

$$Q_{\mathrm{A}} = S_{\mathrm{A}} \sin \theta_a = 3\,800 \times \sqrt{1 - 0.9^2} = 3\,800 \times 0.435\,89$$

$$\fallingdotseq 1\,656.4 \text{ kvar}$$

1	M+

| ・ | 9 | × | M− | 0.81 |

$\left. \right\}$ $\sin \theta_{\mathrm{A}} = \sqrt{1 - \cos^2 \theta_{\mathrm{A}}}$ を計算

※　=　キーは押さない．

MR 0.19

√ 0.435 889 894 354

× 3800 = 1 656.381 598 53　Q_{A}を累積値とする．

> 2つの無効電力を累積計算で求めたいので，力率の
> 計算結果を累積メモリーに加算しないよう注意！

$$Q_{\mathrm{B}} = P_{\mathrm{B}} \tan \theta_{\mathrm{B}} = P_{\mathrm{B}} \times \frac{\sin \theta_{\mathrm{b}}}{\cos \theta_{\mathrm{b}}}$$

$$= 2\,000 \times \frac{\sqrt{1 - 0.85^2}}{0.85} = 2\,000 \times \frac{0.527\,68}{0.85} \text{ kvar}$$

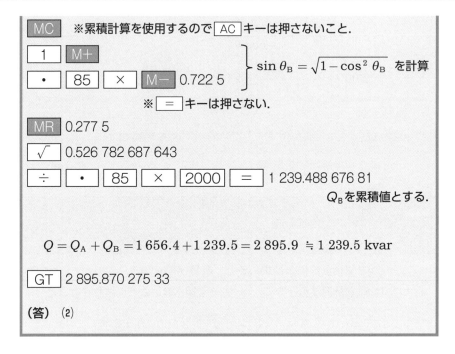

(b)　a-b間の線路抵抗 R_{ab} および線路リアクタンス X_{ab} は

$$R_{ab} = 0.8 \times 0.24 = 0.192 \ \Omega \tag{5.26}$$

$$X_{ab} = 0.8 \times 0.18 = 0.144 \ \Omega \tag{5.27}$$

負荷Bに流れる電流の大きさ I_b は

$$I_b = \frac{P_b}{\sqrt{3}V_b \cos\theta_b} = \frac{2\,000 \times 10^3}{\sqrt{3} \times 22\,000 \times 0.85} \fallingdotseq 61.749 \ \text{A} \tag{5.28}$$

このときのa-b間の電圧降下 V_{ab} は

$$
\begin{aligned}
V_{ab} &= \sqrt{3}I_b \left(R_{ab} \cos\theta_b + X_{ab} \sin\theta_b \right) \\
&= \sqrt{3} \times 61.749 \times (0.192 \times 0.85 + 0.144 \times 0.526\,78) \\
&\fallingdotseq 25.568 \ \text{V}
\end{aligned}
\tag{5.29}
$$

となる．よって，a点の線間電圧V_aは，

$$V_\mathrm{a} = V_\mathrm{b} + V_\mathrm{ab} = 22\,000 + 25.568 \fallingdotseq 22\,026 \text{ V} \tag{5.30}$$

となる．

f-a間の線路抵抗R_faおよび線路リアクタンスX_faは

$$R_\mathrm{fa} = 0.4 \times 0.24 = 0.096 \text{ } \Omega \tag{5.31}$$

$$X_\mathrm{fa} = 0.4 \times 0.18 = 0.072 \text{ } \Omega \tag{5.32}$$

負荷Aを流れる電流の大きさI_aは

$$I_\mathrm{a} = \frac{S_\mathrm{a}}{\sqrt{3}V_\mathrm{a}} = \frac{3\,800 \times 10^3}{\sqrt{3} \times 22\,026} \fallingdotseq 99.606 \text{ A} \tag{5.33}$$

f点とa点の間を流れる電流は$I_\mathrm{a} + I_\mathrm{b}$であるから，f点とa点の間の電圧降下$V_\mathrm{fa}$は，

$$
\begin{aligned}
V_\mathrm{fa} &= \sqrt{3}\,(I_\mathrm{a} + I_\mathrm{b})(R_\mathrm{fa}\cos\theta_\mathrm{a} + X_\mathrm{fa}\sin\theta_\mathrm{a}) \\
&= \sqrt{3} \times (99.606 + 61.749) \times (0.096 \times 0.9 + 0.072 \times 0.435\,89) \\
&\fallingdotseq 32.918 \text{ V}
\end{aligned}
\tag{5.34}
$$

となるので，f-b間の線間電圧の電圧降下V_faは，

$$
\begin{aligned}
V_\mathrm{fb} &= V_\mathrm{ab} + V_\mathrm{fa} \\
&= 25.568 + 32.918 \fallingdotseq 58.486 \text{ V}
\end{aligned}
\tag{5.35}
$$

となる．

（答）　(3)

電卓の操作方法

$$R_{ab} = 0.8 \times 0.24 = 0.192$$

$$X_{ab} = 0.8 \times 0.18 = 0.144$$

$$I_b = \frac{P_b}{\sqrt{3}V_b \cos\theta_b} = \frac{2\,000 \times 10^3}{\sqrt{3} \times 22\,000 \times 0.85} \fallingdotseq 61.749 \text{ A}$$

【カシオ】

| · | 8 | × | × | · | 24 | = | 0.192　※R_{ab}の導出 |

| · | 18 | = | 0.144　※X_{ab}の導出 |

| 2000 | ÷ | 3 | √ | ÷ | 22 | ÷ | · | 85 | = | 61.749 |

【シャープ】

| · | 8 | × | · | 24 | = | 0.192　※R_{ab}の導出 |

| · | 18 | = | 0.144　※X_{ab}の導出 |

| 2000 | ÷ | 3 | √ | ÷ | 22 | ÷ | · | 85 | = | 61.749 |

$$V_{ab} = \sqrt{3}I_b\left(R_{ab}\cos\theta_b + X_{ab}\sin\theta_b\right)$$
$$= \sqrt{3} \times 61.749 \times (0.192 \times 0.85 + 0.144 \times 0.526\,78) \fallingdotseq 25.568$$

| 1 | M+ |
| · | 85 | × | M− | 0.722 5 |

$\left.\right\}$ $\sin\theta_b = \sqrt{1 - \cos^2\theta_b}$ を計算

| MR | 0.277 5 |

| √ | 0.526 782 687 64 |

| MC | ※$\sin\theta_b$が求められたので，独立メモリーを消去する. |

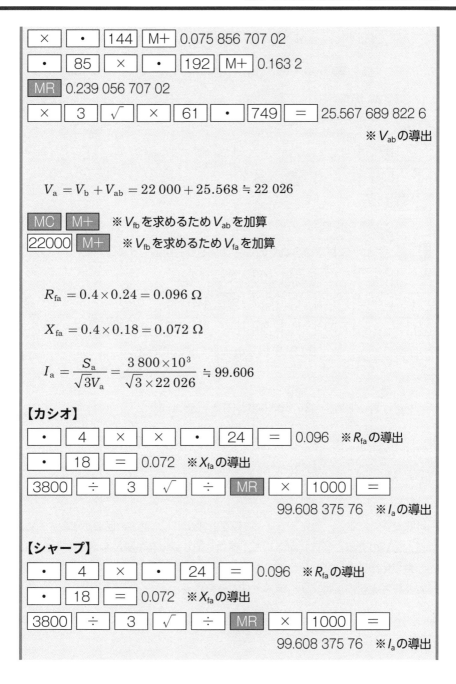

| × | ・ | 144 | M+ | 0.075 856 707 02 |

| ・ | 85 | × | ・ | 192 | M+ | 0.163 2 |

MR 0.239 056 707 02

| × | 3 | √ | × | 61 | ・ | 749 | = | 25.567 689 822 6 |

※ V_{ab} の導出

$$V_a = V_b + V_{ab} = 22\,000 + 25.568 \fallingdotseq 22\,026$$

MC M+ ※ V_{fb} を求めるため V_{ab} を加算

22000 M+ ※ V_{fb} を求めるため V_{fa} を加算

$$R_{fa} = 0.4 \times 0.24 = 0.096\ \Omega$$

$$X_{fa} = 0.4 \times 0.18 = 0.072\ \Omega$$

$$I_a = \frac{S_a}{\sqrt{3}V_a} = \frac{3\,800 \times 10^3}{\sqrt{3} \times 22\,026} \fallingdotseq 99.606$$

【カシオ】

| ・ | 4 | × | × | ・ | 24 | = | 0.096 ※ R_{fa} の導出 |

| ・ | 18 | = | 0.072 ※ X_{fa} の導出 |

| 3800 | ÷ | 3 | √ | ÷ | MR | × | 1000 | = |

99.608 375 76 ※ I_a の導出

【シャープ】

| ・ | 4 | × | ・ | 24 | = | 0.096 ※ R_{fa} の導出 |

| ・ | 18 | = | 0.072 ※ X_{fa} の導出 |

| 3800 | ÷ | 3 | √ | ÷ | MR | × | 1000 | = |

99.608 375 76 ※ I_a の導出

$$V_{\text{fa}} = \sqrt{3}\,(I_{\text{a}} + I_{\text{b}})(R_{\text{fa}}\cos\theta_{\text{a}} + X_{\text{fa}}\sin\theta_{\text{a}})$$

$$= \sqrt{3} \times (99.606 + 61.749) \times (0.096 \times 0.9 + 0.072 \times 0.435\,89)$$

$$\fallingdotseq 32.918$$

MC

1	M+

$\left.\begin{array}{l} \\ \\ \end{array}\right\}$ $\sin\theta_{\text{a}} = \sqrt{1 - \cos^2\theta_{\text{a}}}$ を計算

・	9	×	M−	0.81

MR	0.19

√	0.435 889 894 35

MC	※$\sin\theta_{\text{a}}$ が求められたので独立メモリーを消去する.

×	・	072	M+	0.031 384 072 39

・	9	×	・	096	M+	0.086 4

61	・	749	+	99	・	608	×	MR	×

3	√	=	32.918 118 484 9　※V_{fa} の導出

$$V_{\text{fb}} = V_{\text{ab}} + V_{\text{fa}} = 25.568 + 32.918 \fallingdotseq 58.486$$

+	25	・	568	=	58.486 118 484 9

(答) (3)

　計算が多くなると, 独立メモリーの保存, 呼び出し, 消去の回数が増えてくる. また, 分数の分母に計算式があると, 独立メモリーに頼る機会も増えてくる. しかし電卓には独立メモリーに頼らなくても分母を計算した後で逆数に変換し, 掛け算を行う方法がある. 次の講座では逆数変換を扱う.

第6講座

逆数の計算

6.1　逆数とは

ある数 a と掛け合わせた解が1になる数 b を逆数という.

$$a \times b = 1 \tag{6.1}$$

$$b = \frac{1}{a} \tag{6.2}$$

　注意してほしいのは虚数の取り扱いで，j^2 が -1 となるため，1にするためには $j \times (-j)$ としなければならない．虚数の逆数は正負が逆転することに注意する（第4講座参照）.

[例題6.1]

　次の数の逆数を求めよ.

(1)　0.04　　(2)　$\dfrac{5}{3}$　　(3)　j8　　(4)　$-j\dfrac{4}{25}$　　(5)　2+j4

解き方

　逆数は単純に1を与えられた数で除算すればよい．(1)は小数になるが式 (6.2) の考え方は変わらない．また分数の場合は分母と分子を入れ替えれば逆数となる．(4)の虚数の逆数は正負が逆転することに注意すること．

　問題は(5)の複素数である．考え方は式 (6.2) で変わらないのだが，第4講座で取り扱ったように分母の複素数は有理化する必要がある．

$$\frac{(2-j4)}{(2+j4)(2-j4)} = \frac{2-j4}{2^2+4^2} = \frac{2-j4}{20} = 0.1 - j0.2 \tag{6.3}$$

(答) (1) **25**　　(2) **0.6**　　(3) **－j0.125**　　(4) **j6.25**　　(5) **0.1－j0.2**

　逆数計算の場合 $\boxed{1}$ $\boxed{\div}$ $\boxed{a}$ のように計算してもよいのだが，電卓だと求めたい数値を先に入力してから逆数を表示させる方法がある．例題6.1の(1)について電卓で逆数を求めてみよう．

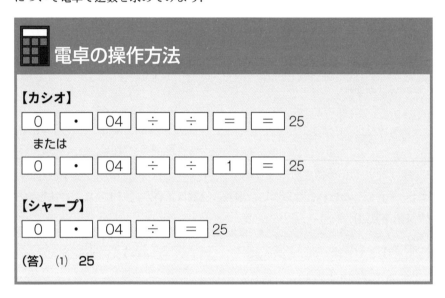

複素数でなければ整数や小数の逆数計算は簡単である．また，(5)のような複素数の場合は分母を有理化し，定数計算を利用すれば素早く逆数を求めることができる．よって，分母から先に計算する．

電卓の操作方法

$$\frac{(2 - \mathrm{j}4)}{(2 + \mathrm{j}4)(2 - \mathrm{j}4)} = \frac{2 - \mathrm{j}4}{2^2 + 4^2} = \frac{2 - \mathrm{j}4}{20} = 0.1 - \mathrm{j}0.2$$

【カシオ】

・操作方法①

　分母を先に計算し，定数計算で除算を行う場合

| 2 | × | = | 4 |

| 4 | × | = | 16 |

| GT | 20 |

| ÷ | ÷ | 2 | = | 0.1　※実数値 |

| 4 | +/− | = | −0.2　※虚数値 |

複素数の逆数を求めるときは，累積計算，定数計算を活用しよう．

・操作方法②

　分母を先に計算し，逆数を求めてから定数計算で乗算を行う場合

| 2 | × | = | 4 |

| 4 | × | = | 16 |

| GT | 20 |

| ÷ | ÷ | 1 | = | 0.05　※分母の逆数 |

| × | × | 2 | = | 0.1　※実数値 |

| 4 | +/− | = | −0.2　※虚数値 |

【シャープ】

・操作方法①

　分母を先に計算し，定数計算の除算を行う場合

| 2 | × | = | 4 |

| 4 | × | = | 16 |

| 2 | ÷ | GT | = | 0.1　※実数値

| 4 | +/− | = | −0.2　※虚数値

・操作方法②
　分母を先に計算し，逆数を求めてから定数計算で乗算を行う場合

| 2 | × | = | 4

| 4 | × | = | 16

| GT | 20

| ÷ | = | 0.05　※分母の逆数

| × | 2 | = | 0.1　※実数値

| 4 | +/− | = | −0.2　※虚数値

(答)　⑸　0.1 − j0.2

　カシオにしてもシャープにしても，電卓の操作に慣れないうちは操作方法②
にある分母を求めてから逆数を算出し，乗算で定数計算を行う方が理解しやす
い．特に定数計算が複雑なシャープは操作方法②を推奨する．

6.2　逆数計算の応用

　逆数の計算を知っておくと，分数の分母に数式が入っている場合でも，計算し
た結果を逆数に変換して計算を行うことができる．また，(分子)÷(分母) とした
ときに，分母の計算結果をわざわざメモに控えたり，改めて入力したり独立メモ
リーを使用する必要がなくなり，計算時間の短縮につながる．

[例題6.2] ────────────────────

図6.1にある回路の合成抵抗値R_0の値[Ω]を求めよ.

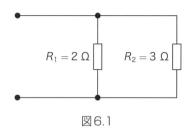

図6.1

解き方

回路にn個の抵抗が並列に接続されているときの合成抵抗値R_0[Ω]は,以下のように求めることができる.

$$R_0 = \frac{1}{\dfrac{1}{R_1} + \dfrac{1}{R_2} + \cdots + \dfrac{1}{R_\mathrm{n}}} \ [\Omega] \tag{6.4}$$

2つの抵抗が並列に接続されている場合,式(6.4)を

$$R_0 = \frac{1}{\dfrac{1}{R_1} + \dfrac{1}{R_2}} = \frac{R_1 R_2}{R_1 + R_2} \ [\Omega] \tag{6.5}$$

に置き換えることができる.式(6.5)に数値を代入すると

$$R_0 = \frac{2 \times 3}{2 + 3} = \frac{6}{5} = 1.2 \ \Omega \tag{6.6}$$

となる.式(6.6)については,分母を先に計算し,逆数を求めてから分子の乗算を行えば素早く計算できる.

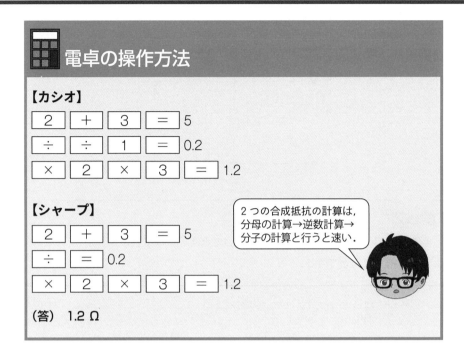

[例題6.3]

図6.2にある回路の合成抵抗値R_0の値[Ω]を求めよ.

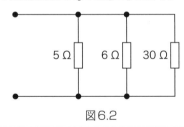

図6.2

解き方

この回路の場合, 3つの抵抗の逆数値の和を, さらに逆数することにより求められる.

$$R_0 = \frac{1}{\frac{1}{5} + \frac{1}{6} + \frac{1}{30}} = 2.5\,\Omega \tag{6.7}$$

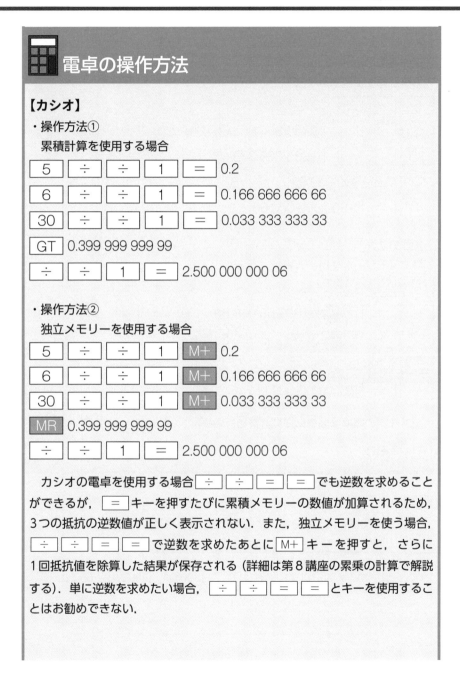

電卓の操作方法

【カシオ】

・操作方法①

　累積計算を使用する場合

| 5 | ÷ | ÷ | 1 | = | 0.2 |

| 6 | ÷ | ÷ | 1 | = | 0.166 666 666 66 |

| 30 | ÷ | ÷ | 1 | = | 0.033 333 333 33 |

| GT | 0.399 999 999 99 |

| ÷ | ÷ | 1 | = | 2.500 000 000 06 |

・操作方法②

　独立メモリーを使用する場合

| 5 | ÷ | ÷ | 1 | M+ | 0.2 |

| 6 | ÷ | ÷ | 1 | M+ | 0.166 666 666 66 |

| 30 | ÷ | ÷ | 1 | M+ | 0.033 333 333 33 |

| MR | 0.399 999 999 99 |

| ÷ | ÷ | 1 | = | 2.500 000 000 06 |

　カシオの電卓を使用する場合 ÷ ÷ = = でも逆数を求めることができるが，= キーを押すたびに累積メモリーの数値が加算されるため，3つの抵抗の逆数値が正しく表示されない．また，独立メモリーを使う場合，÷ ÷ = = で逆数を求めたあとに M+ キーを押すと，さらに1回抵抗値を除算した結果が保存される（詳細は第8講座の累乗の計算で解説する）．単に逆数を求めたい場合，÷ ÷ = = とキーを使用することはお勧めできない．

【シャープ】

・操作方法①
累積計算を使用する場合

| 5 | | ÷ | | = | 0.2 |

| 6 | | ÷ | | = | 0.166 666 666 66 |

| 30 | | ÷ | | = | 0.033 333 333 33 |

| GT | 0.399 999 999 99 |

| ÷ | | = | 2.500 000 000 06 |

・操作方法②
独立メモリーを使用する場合

| 5 | | ÷ | | M+ | 0.2 |

| 6 | | ÷ | | M+ | 0.166 666 666 66 |

| 30 | | ÷ | | M+ | 0.033 333 333 33 |

| RM | 0.399 999 999 99 |

| ÷ | | = | 2.500 000 000 06 |

シャープの電卓は簡単に逆数計算を行える.

(答)　2.5 Ω

[例題6.4]

図6.3にある回路に流れる電流 I の大きさ[A]を求めよ.

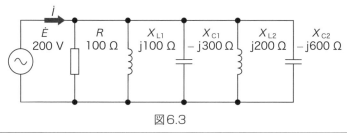

図6.3

解き方

図6.3のような抵抗，コイル，コンデンサが並列に接続された回路の合成イン
ピーダンスを式（6.4）に倣って求めると

$$\dot{Z}_0 = \cfrac{1}{\cfrac{1}{100} + \cfrac{1}{\mathrm{j}100} + \cfrac{1}{-\mathrm{j}300} + \cfrac{1}{\mathrm{j}200} + \cfrac{1}{-\mathrm{j}600}} \ [\Omega] \tag{6.8}$$

となり，各素子の逆数を計算した後で，さらに逆数を求める複雑な計算となる．
そのため，インピーダンスの逆数であるアドミタンスを求めることとする．

回路にn個のインピーダンス素子が並列に接続されているときのアドミタンス
$\dot{Y}_0$ [S]（ジーメンス）は

$$\dot{Y}_0 = \frac{1}{\dot{Z}_1} + \frac{1}{\dot{Z}_2} + \cdots + \frac{1}{\dot{Z}_\mathrm{n}} \ [\mathrm{S}] \tag{6.9}$$

と求めることができる．よってこの回路のアドミタンスは

$$\dot{Y}_0 = \frac{1}{100} + \frac{1}{\mathrm{j}100} + \frac{1}{-\mathrm{j}300} + \frac{1}{\mathrm{j}200} + \frac{1}{-\mathrm{j}600}$$

$$= \frac{1}{100} + \frac{\mathrm{j}(-6+2-3+1)}{600} = 0.01 - \mathrm{j}0.01 \ \mathrm{S} \tag{6.10}$$

となる．アドミタンスはインピーダンスの逆数となるので，電源の電圧$\dot{E}$を乗じ
ることで，並列回路の電流を簡単に求めることができる．

$$\dot{I} = \dot{E}\dot{Y}_0 = 200 \times (0.01 - \mathrm{j}0.01) = 2 - \mathrm{j}2 \ \mathrm{A} \tag{6.11}$$

$$I = \left|\dot{I}\right| = \sqrt{2^2 + 2^2} = \sqrt{8} = 2\sqrt{2} \ \mathrm{A} \tag{6.12}$$

電卓の操作方法

　逆数を求めるときは，実数と虚数を分けて考える．また，虚数の逆数は正負が逆転することに注意してほしい．コイルのリアクタンスの逆数は負，コンデンサのリアクタンスの逆数は正となる．独立メモリーに加算・減算するときは頭の中で正なのか負なのかを整理する必要がある．

$$\dot{Y}_0 = \frac{1}{100} + \frac{1}{\mathrm{j}100} + \frac{1}{-\mathrm{j}300} + \frac{1}{\mathrm{j}200} + \frac{1}{-\mathrm{j}600}$$

$$= \frac{1}{100} + \frac{\mathrm{j}(-6+2-3+1)}{600} = 0.01 - \mathrm{j}0.01\ \mathrm{S}$$

【カシオ】

・実数

| 1 | ÷ | 100 | = | 0.01 |

・虚数

100	÷	÷	1	M−	0.01
300	÷	÷	1	M+	0.003 333 333 33
200	÷	÷	1	M−	0.005
600	÷	÷	1	M+	0.001 666 666 66
MR					−0.010 000 000 01

【シャープ】

・実数

| 1 | ÷ | 100 | = | 0.01 |

・虚数

| 100 | ÷ | M− | 0.01 |
| 300 | ÷ | M+ | 0.003 333 333 33 |

| 200 | ÷ | M− | 0.005 |

| 600 | ÷ | M+ | 0.001 666 666 66 |

| RM | − 0.010 000 000 01 |

$$\dot{I} = \dot{E}\dot{Y}_0 = 200 \times (0.01 - \text{j}0.01) = 2 - \text{j}2 \text{ A}$$

【カシオ】

| 200 | × | × | · | 01 | = | 2 |

| MR | = | − 2.000 000 002 |

【シャープ】

| 200 | × | · | 01 | = | 2 |

| RM | = | − 2.000 000 002 |

$$I = \left|\dot{I}\right| = \sqrt{2^2 + 2^2} = \sqrt{8} = 2\sqrt{2} \text{ A}$$

| AC |

| 2 | × | = | 4 |

| 2 | × | = | 4 |

| GT | 8 |

| √ | 2.828 427 124 74 |

（答） $2\sqrt{2} \fallingdotseq 2.83$ A

【電験問題にチャレンジ①】

図6.4に示す直流回路において，抵抗$R_1 = 5\ \Omega$で消費される電力は抵抗$R_3 = 15\ \Omega$で消費される電力の何倍となるか．その倍率として，最も近い値を次の(1)～(5)のうちから一つ選べ．

(1)　0.9　　　　(2)　1.2　　　　(3)　1.5　　　　(4)　1.8　　　　(5)　2.1

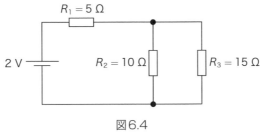

図6.4

【平成26年 電験第3種 理論 問7】

解き方

抵抗R_1に流れる電流を求めるため，回路全体の合成抵抗値を求める．

並列接続されている2つの抵抗R_2とR_3の合成値をR_{23}とすると

$$R_{23} = \frac{1}{\dfrac{1}{R_2} + \dfrac{1}{R_3}} = \frac{R_2 \times R_3}{R_2 + R_3} = \frac{10 \times 15}{10 + 15} = 6\ \Omega \tag{6.13}$$

回路全体の合成抵抗値Rは

$$R = R_1 + R_{23} = 5 + 6 = 11\ \Omega \tag{6.14}$$

R_1に流れる電流Iは回路全体の合成抵抗値より

$$I = \frac{2}{11}\ \text{A} \tag{6.15}$$

R_1の消費電力P_1は

$$P_1 = I^2 R_1 = \left(\frac{2}{11}\right)^2 \times 5 = \frac{20}{121} = 0.165\,29\ \text{W} \tag{6.16}$$

R_3に流れる電流I_3は並列回路の抵抗値に逆比例することから

$$I_3 = I \times \frac{R_2}{R_2+R_3} = \frac{2}{11} \times \frac{10}{10+15} = \frac{40}{3\,025} = \frac{8}{605} = 0.072\,727 \text{ A}$$

(6.17)

R_3の消費電力P_3は

$$P_3 = I_3{}^2 R_3 = \left(\frac{8}{605}\right)^2 \times 15 = 0.079\,338 \text{ W}$$

(6.18)

ゆえにR_1で消費される電力P_1とR_3で消費される電力P_3の倍率は

$$\frac{P_1}{P_3} = \frac{0.165\,29}{0.079\,338} = 2.083\,4$$

(6.19)

(答) (5)

 電卓の操作方法

$$R_{23} = \frac{1}{\dfrac{1}{R_2}+\dfrac{1}{R_3}} = \frac{R_2 \times R_3}{R_2+R_3} = \frac{10 \times 15}{10+15} = 6$$

【カシオ】

| 10 | + | 15 | = | 25 |

| ÷ | ÷ | 1 | = | 0.04 ※逆数計算 |

| × | 10 | × | 15 | = | 6 |

【シャープ】

| 10 | + | 15 | = | 25 |

| ÷ | = | 0.04 ※逆数計算 |

| × | 10 | × | 15 | = | 6 |

$$R = R_1 + R_{23} = 5 + 6 = 11$$

| + | 5 | = | 11 |

$$I = \frac{2}{11}$$

【カシオ】

| ÷ | ÷ | 1 | = | 0.090 909 090 9 |

| × | 2 | = | 0.181 818 181 81 |

【シャープ】

| ÷ | = | 0.090 909 090 9 |

| × | 2 | = | 0.181 818 181 81 |

$$P_1 = I^2 R_1 = \left(\frac{2}{11}\right)^2 \times 5 = \frac{20}{121} = 0.165\,29$$

| × | = | 0.033 057 851 23　※2乗の計算 |

| × | 5 | = | 0.165 289 256 15 |

M+

$$I_3 = I \times \frac{R_2}{R_2 + R_3} = \frac{2}{11} \times \frac{10}{10 + 15} = 0.072\,727$$

【カシオ】

| 10 | + | 15 | = | 25 |

| ÷ | ÷ | 1 | = | 0.04　※逆数計算 |

| × | 10 | × | 2 | ÷ | 11 | = | 0.072 727 272 72 |

【シャープ】

| 10 | + | 15 | = | 25

| ÷ | = | 0.04 ※逆数計算

| × | 10 | × | 2 | ÷ | 11 | = | 0.072 727 272 72

$$P_3 = I_3{}^2 R_3 = \left(\frac{8}{605}\right)^2 \times 15 = 0.079\,338$$

| × | = | 0.005 289 256 19 ※2乗の計算

| × | 15 | = | 0.079 338 842 85

$$\frac{P_1}{P_3} = \frac{0.165\,29}{0.079\,338} = 2.083\,4$$

【カシオ】

| ÷ | ÷ | 1 | = | 12.604 166 686 5 ※逆数計算

| × | MR | = | 2.083 333 336

【シャープ】

| ÷ | = | 12.604 166 686 5 ※逆数計算

| × | RM | = | 2.083 333 336

(答) (5)

6.3 テブナンの定理

　回路網のある地点の抵抗に流れる電流や，電圧降下を求めるのに，テブナンの定理が用いられる．テブナンの定理は一般的に式 (6.20) で与えられる．

$$I = \frac{E_0}{R_0 + R} \ [\text{A}] \tag{6.20}$$

ここでいう R_0 は，等価回路にある求めたい地点以外の合成抵抗値 $[\Omega]$，R は電流 I を求めたい地点の抵抗値 $[\Omega]$，E_0 は電流 I を求めたい抵抗に印加される電位差 $[V]$ である．

[例題6.5]

図6.5の回路の端子a-b間に接続される抵抗 R に流れる電流 I_R を求めよ．

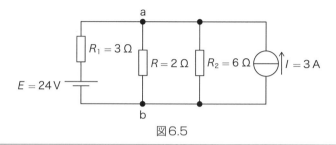

図6.5

解き方

回路の抵抗 R に流れる電流を求めたいため，その他の合成抵抗 R_0 を求める．合成抵抗 R_0 を求めるときは，電圧源は除去して短絡，電流源は除去して開放する．よって合成抵抗 R_0 の等価回路は図6.6のようになる．

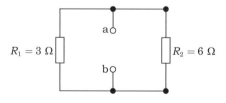

図6.6　合成抵抗 R_0 の等価回路

合成抵抗 R_0 は

$$R_0 = \frac{R_1 R_2}{R_1 + R_2} = \frac{3 \times 6}{3 + 6} = 2 \ \Omega \tag{6.21}$$

となり，電源Eが24 Vなので，図6.5から抵抗Rを除去したときに流れる電流 I_0 [A] は

$$I_0 = \frac{E - IR_2}{R_1 + R_2} = \frac{24 - 3 \times 6}{3 + 6} = \frac{2}{3} \text{ A} \tag{6.22}$$

となる．このとき，抵抗Rに印加される電圧E_0は

$$E_0 = E - R_0 I_0 = 24 - 2 \times \frac{2}{3} = 22 \text{ V} \tag{6.23}$$

となることから，抵抗Rに流れる電流I_{R}は

$$I_{\mathrm{R}} = \frac{E_0}{R_0 + R} = \frac{22}{2 + 2} = 5.5 \text{ A}$$

と求められる．

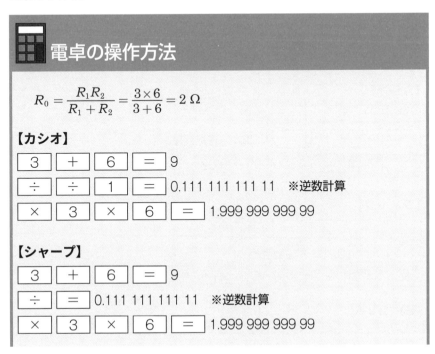

電卓の操作方法

$$R_0 = \frac{R_1 R_2}{R_1 + R_2} = \frac{3 \times 6}{3 + 6} = 2 \text{ Ω}$$

【カシオ】

| 3 | + | 6 | = | 9 |

| ÷ | ÷ | 1 | = | 0.111 111 111 11 　※逆数計算 |

| × | 3 | × | 6 | = | 1.999 999 999 99 |

【シャープ】

| 3 | + | 6 | = | 9 |

| ÷ | = | 0.111 111 111 11 　※逆数計算 |

| × | 3 | × | 6 | = | 1.999 999 999 99 |

$$I_0 = \frac{E - IR_2}{R_1 + R_2} = \frac{24 - 3 \times 6}{3 + 6} = \frac{2}{3} \text{ A}$$

> この式の分子は，乗算→ +/− キーでサインチェンジ→加算の順で計算しよう！

AC

| 3 | + | 6 | = | 9 |

| 3 | +/− | × | 6 | + | 24 | ÷ | GT | = |

0.666 666 666 66

$$E_0 = E - R_0 I_0 = 24 - 2 \times \frac{2}{3} = 22 \text{ V}$$

前の計算結果（電流I_0の値）を引用する．

| × | 3 | +/− | + | 24 | = | 22.000 000 000 1 | M+ |

※E_0は後程計算で使用するため保存する．

$$I_{\text{R}} = \frac{E_0}{R_0 + R} = \frac{22}{2 + 2} = 5.5 \text{ A}$$

【カシオ】

| 2 | + | 2 | = | 4 |

| ÷ | ÷ | 1 | = | 0.25　※逆数計算 |

| × | MR | = | 5.500 000 000 02 |

【シャープ】

| 2 | + | 2 | = | 4 |

| ÷ | = | 0.25　※逆数計算 |

| × | RM | = | 5.500 000 000 02 |

（答）　5.5 A

【電験問題にチャレンジ②】

図6.7のように，直流電源にスイッチS，抵抗5個を接続したブリッジ回路がある．この回路において，スイッチSを開いたとき，Sの両端間の電圧は1Vであった．スイッチSを閉じたときに8Ωの抵抗に流れる電流 I の値[A]として，最も近いものを次の(1)〜(5)のうちから一つ選べ．

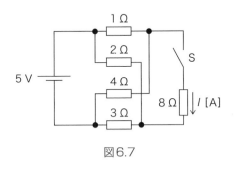

図6.7

(1) 0.10   (2) 1.75   (3) 1.0   (4) 1.4   (5) 2.0

【令和2年 電験第3種 理論 問7】

解き方

まず，図6.7の回路のそれぞれの抵抗がどこに接続されているのかを見極め，図6.8のように描き換える．接続点に名称をつけて描き換えるとわかりやすい．

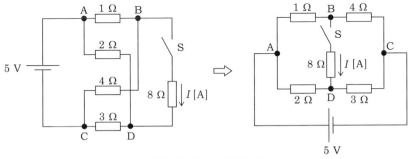

図6.8　回路の描き換え

本問で求めたい電流 I は8Ωの抵抗に流れるので，図6.9のように8Ωの抵抗を除去した回路を等価回路として考え，残りの抵抗の合成抵抗値 R_0 を求める．

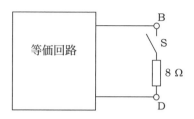

図6.9 合成抵抗R_0と8Ωの抵抗との関係

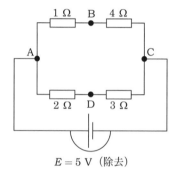

$E = 5$ V（除去）

図6.10 合成抵抗R_0の等価回路

　端子B-D間にある8Ωの抵抗を除去したため，図6.11のように端子B-D間の合成抵抗値を求める．

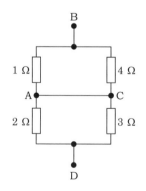

図6.11 合成抵抗R_0の等価回路を整理する

図6.9の等価回路の合成抵抗値 R_0 は

$$R_0 = \frac{1 \times 4}{1+4} + \frac{2 \times 3}{2+3} = 2 \ \Omega \tag{6.24}$$

次に，図6.8から端子B-D間の電位差を求める．電圧源の負極（マイナス側）が端子Dに接続されているため，分圧の法則により端子B-C間と端子C-D間の電圧をそれぞれ求め，その差が端子B-D間の電位差となる．

$$V_{\mathrm{BC}} = 5 \times \frac{4}{1+4} = 4 \ \mathrm{V} \tag{6.25}$$

$$V_{\mathrm{CD}} = 5 \times \frac{3}{2+3} = 3 \ \mathrm{V} \tag{6.26}$$

$$V_{\mathrm{BD}} = V_{\mathrm{BC}} - V_{\mathrm{CD}} = 4 - 3 = 1 \ \mathrm{V} \tag{6.27}$$

最後に，端子B-C間の電位差を電圧源，等価回路の合成抵抗 R_0 と 8 Ω の抵抗を図6.12のように接続して，流れる電流を求める．

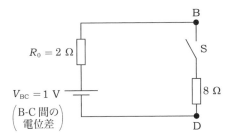

図6.12　テブナンの定理における等価回路の完成

よって 8 Ω の抵抗に流れる電流 I [A] は

$$I = \frac{1}{2+8} = 0.1 \ \mathrm{A} \tag{6.28}$$

となる．

(答) (1)

電卓の操作方法

$$R_0 = \frac{1 \times 4}{1 + 4} + \frac{2 \times 3}{2 + 3} = 2\ \Omega$$

【カシオ】

| 1 | | + | | 4 | | = | 5 |

| ÷ | | ÷ | | 1 | | = | 0.2 |

| × | | 4 | | M+ | 0.8 | ※逆数計算 |

| 2 | | + | | 3 | | = | 5 |

| ÷ | | ÷ | | 1 | | = | 0.2 |

| × | | 2 | | × | | 3 | | M+ | 1.2 | ※逆数計算 |

| MR | 2 |

【シャープ】

| 1 | | + | | 4 | | = | 5 |

| ÷ | | = | 0.2 | ※逆数計算 |

| × | | 4 | | M+ | 0.8 |

| 2 | | + | | 3 | | = | 5 |

| ÷ | | = | 0.2 | ※逆数計算 |

| × | | 2 | | × | | 3 | | M+ | 1.2 |

| RM | 2 |

$$V_{BC} = 5 \times \frac{4}{1 + 4} = 4\ V$$

$$V_{CD} = 5 \times \frac{3}{2 + 3} = 3\ V$$

$$V_{BC} = V_{BC} - V_{CD} = 4 - 3 = 1\ V$$

【カシオ】

| 1 | + | 4 | = | 5 |

| ÷ | ÷ | 1 | = | 0.2 |

| × | 4 | × | 5 | M+ | 4 ※逆数計算

| 2 | + | 3 | = | 5 |

| ÷ | ÷ | 1 | = | 0.2 |

| × | 3 | × | 5 | M− | 3 ※逆数計算

| MR | 1

【シャープ】

| 1 | + | 4 | = | 5 |

| ÷ | = | 0.2 ※逆数計算

| × | 4 | × | 5 | M+ | 4

| 2 | + | 3 | = | 5 |

| ÷ | = | 0.2 ※逆数計算

| × | 3 | × | 5 | M− | 3

| RM | 1

$$I = \frac{1}{2+8} = 0.1\,\text{A}$$

【カシオ】

| 2 | + | 8 | = | 10 |

| ÷ | ÷ | 1 | = | 0.1 |

【シャープ】

| 2 | + | 8 | = | 10 |

| ÷ | = | 0.1 |

(答) (1)

第7講座
無理数と税率設定の活用

7.1 電験で取り扱う無理数

　円周率や平方根，ネイピア数など，分子，分母を整数の分数で表すことができない数を無理数という．電験で取り扱う問題で頻出するのが円周率πおよび$\sqrt{3}$であり，まれにネイピア数eも使用する．ちなみにこれらの近似値は

　　$\pi = 3.141\ 592\ 653\ 5\cdots$

　　$\sqrt{3} = 1.732\ 050\ 8\cdots$

　　$e = 2.718\ 28\cdots$

となるが，これらの数を使って計算する場合は近似値を使用するほかない．

　$\sqrt{3}$ については電卓で $\boxed{3}$ $\boxed{\sqrt{\ }}$ とキー操作で求められるので気にする必要はないのだが，円周率の場合は長い数を入力する煩わしさがある．それを取り除くため，電卓の機能を活用する．

7.2 税率設定による円周率の計算

　わが国には消費税が導入されているが，一般的な電卓には数値入力後，$\boxed{税込}$キーで消費税を加えた数値が，$\boxed{税抜}$キーで消費税を差し引いた数値が表示される，電卓に設定されている税率によって算出される．

　すなわち設定する税率を変更することで，円周率などを乗算値または除算値に素早く変換することができる．税率を214％とすれば円周率に設定したことと同じになり，$\boxed{税込}$キーで設定値を乗じた値に，$\boxed{税抜}$キーで設定値を除した値に変換できる．

　円周率の場合3.141 592 653 5…なのに，なぜ税率が214％なのか．それは

税込キーが値を割増して計算されるからである．すなわち

　　10 ％で1割増

　　100 ％で10割増（2倍）

　　200 ％で元の数値の3倍

といった形で計算されるため，円周率の場合，税率は214 ％となる．税率設定は電卓によって違うため，各自取扱説明書を参照していただきたいが，本書では代表的な電卓の税率設定に留める．

 ## 電卓の操作方法

【カシオ】

・JF-S200の場合

1.　%を長押し

2.　しばらく液晶画面が消えた後，現在設定している税率が表示される

3.　新たに設定したい税率を入力する

4.　%を押す

　　税率の設定は小数第3位まで可能

【シャープ】

・EL-VN83の場合

1.　C·CEを2回押す

2.　税込を押す

3.　新たに設定したい税率を入力する

4.　税込を押す

　　税率の設定は小数第1位まで可能

税率を設定することで
円周率の入力が省ける！

　参考までに税率設定による円周率及び円周率の逆数の近似値は表7.1の通りであるが，シャープの電卓は(3)，(4)を設定することができない．

表7.1　税率設定による円周率の近似値

税率	(1) 214 %	(2) 214.2 %	(3) 214.16 %	(4) 214.159 %
π	3.14	3.142	3.141 6	3.141 59
$1/\pi$	0.318 471 3	3.182 686	0.318 309 1	0.318 310 2

[例題7.1]

　4極50 Hzで運転する三相誘導電動機がある．定格出力が3 000 Wで滑りが0.02であるとき，この誘導電動機のトルク [N·m] を求めよ．

解き方

　誘導電動機の同期速度 N_s（電動機が回転するときの回転磁界速度）を求める．極数 p が4，周波数 f が50 Hzとすると

$$N_\mathrm{s} = \frac{120f}{p} = \frac{120 \times 50}{4} = 1\,500 \ \mathrm{min^{-1}} \tag{7.1}$$

となる．また，滑り s（同期速度と電動機本体の回転速度の差の比率）が0.02なので，実際の電動機の回転速度 N は

$$N = (1-s)\,N_\mathrm{s} = (1-0.02) \times 1\,500 = 1\,470 \ \mathrm{min^{-1}} \tag{7.2}$$

　誘導電動機の出力 P とトルク T は

$$P = \omega T \ [\mathrm{W}] \tag{7.3}$$

の関係があり，回転数 $N \ [\mathrm{min^{-1}}]$ と角速度 $\omega \ [\mathrm{rad/s}]$ は

$$\omega = \frac{\pi N}{60} \ [\mathrm{rad/s}] \tag{7.4}$$

の関係がある．よって誘導電動機のトルク T は

$$T = \frac{P}{\omega} = \frac{P}{2\pi \times \dfrac{N}{60}} = \frac{3\,000}{2\pi \times \dfrac{1\,470}{60}} = \frac{3\,000}{49\pi} \fallingdotseq 19.5 \ \mathrm{N \cdot m} \tag{7.5}$$

電卓の操作方法

$$N_\mathrm{s} = \frac{120f}{p} = \frac{120 \times 50}{4} = 1\,500 \text{ min}^{-1}$$

| 120 | × | 50 | ÷ | 4 | = | 1 500

$$N = (1-s)N_\mathrm{s} = (1-0.02) \times 1\,500 = 1\,470 \text{ min}^{-1}$$

| 1 | − | ・ | 02 | × | GT | = | 1 470

$$T = \frac{P}{\omega} = \frac{P}{2\pi \times \dfrac{N}{60}} = \frac{3\,000}{2\pi \times \dfrac{1\,470}{60}} = \frac{3\,000}{49\pi} \fallingdotseq 19.5 \text{ N·m}$$

【カシオ】

(税率の設定が小数第3位まで可能なため，214.16 ％に設定する)

| 2 | 税込 | × | 1470 | ÷ | 60 | M+ | 153.938 4

| 3000 | ÷ | MR | = | 19.488 314 806 4

【シャープ】

(税率の設定が小数第1位まで可能なため，214 ％に設定する)

| 2 | 税込 | × | 1470 | ÷ | 60 | M+ | 153.86

| 3000 | ÷ | RM | = | 19.498 245 157 9

(答)　19.5 N·m

　あらかじめ設定しておけば，税込キーを使うことで円周率を即座に乗じることができる．この場合税抜キーは円周率で除算が可能である．例えば 100 税抜でおよそ31.8という値が求められる．

【エネルギー管理士問題にチャレンジ】

以下の問題の $\boxed{\text{A abc}}$ 〜 $\boxed{\text{E abc}}$ に当てはまる数値を計算し，その結果を答えよ．ただしA，B，Eは有効数字3桁，C，Dは有効数字2桁とし，解答すべき数値の最小位の一つ下の位で四捨五入すること．なお，円周率 π は3.14とする．

定格出力7.5 kW，定格電圧200 V，定格周波数60 Hz，8極の三相誘導電動機があり，83 N·mのトルク一定の負荷を負って定格出力で運転している．

1) この電動機の同期速度は $\boxed{\text{A abc}}$ [min⁻¹]であり，定格出力と負荷トルクの関係から，回転速度は $\boxed{\text{B abc}}$ [min⁻¹]となるので，滑りは $\boxed{\text{C a.b}} \times 10^{-2}$ となる．

2) この三相誘導電動機をインバータにより V/f 一定制御を行って，一次周波数を40 Hzとしたときの滑りは $\boxed{\text{D a.b}} \times 10^{-2}$ となり，回転速度は $\boxed{\text{E abc}}$ [min⁻¹]となる．ただし，滑り周波数は一次周波数にかかわらず常に一定の値に維持するものとする．

───────── 【第42回 エネルギー管理士 電気電子分野 問題10⑶】

解き方

この問題は円周率 π が3.14と指定されている．したがって，税率を使って計算する場合は214 %に変更しないと誤答となる．

A. この三相誘導電動機の同期速度 N_s は周波数 f が60 Hz，極数 p が8であることから

$$N_\mathrm{s} = \frac{120f}{p} = \frac{120 \times 60}{8} = 900 \ \mathrm{min^{-1}} \tag{7.6}$$

(答) 900

B. トルクと角速度，回転速度の関係は式 (7.3) および式 (7.5) を参考にして

$$P = \frac{2\pi NT}{60} \tag{7.7}$$

$$N = \frac{60P}{2\pi T} = \frac{60 \times 7.5 \times 10^3}{2 \times 3.14 \times 83} = 863.325\ 9 ≒ 863 \ \mathrm{min^{-1}} \tag{7.8}$$

(答) 863

C. この三相誘導電動機の滑り s は

$$s = \frac{N_s - N}{N_s} = \frac{900 - 863.325\,9}{900} = 0.040\,749 \fallingdotseq 4.1 \times 10^{-2} \quad (7.9)$$

（答）　4.1

D. 一次周波数が 40 Hz のときの滑りを s' とすると，滑り周波数 sf が一定であるので

$$40s' = 60 \times 0.040\,479 \tag{7.10}$$

$$s' = \frac{60 \times 0.040\,749}{40} = 0.061\,123\,5 \fallingdotseq 6.1 \times 10^{-2} \tag{7.11}$$

（答）　6.1

E. 一次周波数が 40 Hz のときの同期速度は式（7.6）より

$$N_s{}' = \frac{120f'}{p} = \frac{120 \times 40}{8} = 600 \text{ min}^{-1} \tag{7.12}$$

　よって，一次周波数 40 Hz で滑り s' で運転したときの三相誘導電動機の回転速度は

$$N' = N_s{}'\left(1 - s'\right) = 600 \times \left(1 - 0.061\,123\,55\right) \fallingdotseq 563 \text{ min}^{-1} \quad (7.13)$$

（答）　563

電卓の操作方法（税率214%に設定する）

$$N_s = \frac{120f}{p} = \frac{120 \times 60}{8} = 900$$

| 120 | × | 60 | ÷ | 8 | = | 900 |

M+

$$N = \frac{60P}{2\pi T} = \frac{60 \times 7.5 \times 10^3}{2 \times 3.14 \times 83} = 863.325\,9 \fallingdotseq 863$$

| 60 | × | 7500 | ÷ | 2 | 税込 | ÷ | 83 | = |

863.325 915 125

$$s = \frac{N_s - N}{N_s} = \frac{900 - 863.325\,9}{900} = 0.040\,749 \fallingdotseq 4.1 \times 10^{-2}$$

| +/− | + | MR | ÷ | MR | = | 0.407 489 831 9

$$s' = \frac{60 \times 0.040\,749}{40} = 0.061\,123\,5 \fallingdotseq 6.1 \times 10^{-2}$$

| × | 60 | ÷ | 40 | = | 0.061 123 474 78

$$N_s' = \frac{120f'}{p} = \frac{120 \times 40}{8} = 600$$

| MC | M+ |

| 120 | × | 40 | ÷ | 8 | = | 600

$$N' = N_s'(1 - s') = 600 \times (1 - 0.061\,123\,55) \fallingdotseq 563$$

| 1 | − | MR | × | 600 | = | 563.259 151 32

（答）（A）900 　（B）863 　（C）4.1 　（D）6.1 　（E）563

【電験問題にチャレンジ①】

　均等放射の線形光源（球の直径は30 cm）がある．床からこの線形光源の中心までの高さは3 mである．また，球形光源から放射される全光束は12 000 lmである．次の(a)及び(b)の問に答えよ．

(a)　球形光源直下の床の水平面照度の値 [lx] として，最も近いものを次の(1)〜(5)のうちから一つ選べ．ただし，天井や壁など，周囲からの反射光の影響はないものとする．

(1)　35　　　　(2)　106　　　　(3)　142　　　　(4)　212　　　　(5)　425

(b)　球形光源の光度の値 [cd] と輝度の値 [cd/m²] との組合せとして，最も近いものを次の(1)〜(5)のうちから一つ選べ．

解答	光度 [cd]	輝度 [cd/m²]
(1)	1 910	1 010
(2)	955	3 380
(3)	955	13 500
(4)	1 910	27 000
(5)	3 820	13 500

【平成26年 電験第3種 機械 問17】

解き方

(a)　球形光源から放射される全光束 ϕ [lm] に対する球形光源直下の床の水平面照度 E [lx] は，図7.1に示す通り，床から光源の中心までの高さを半径とした球の表面積に反比例した値に等しい．

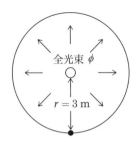

全光束 ϕ

$r = 3$ m

図7.1　全光束と球形光源直下の床の水平面照度の関係

$$E = \frac{\phi}{4\pi r^2} = \frac{12\,000}{4\pi \times 3^2} = \frac{12\,000}{36\pi} = 106.1 \, \text{lx} \tag{7.14}$$

(答) (2)

(b) 点光源から向かう光束 ϕ を立体角 ω で除したものを光度といい，球全体の立体角 ω は 4π となるため，球形光源の光度 I は

$$I = \frac{\phi}{4\pi} = \frac{12\,000}{4\pi} = 954.9 \, \text{cd} \tag{7.15}$$

となる．輝度 L はある点から見た光源の眩しさを表す指標であり，図7.2のように，光源の投影面積（円の面積）を S とすると

$$L = \frac{I}{S} = \frac{954.9}{\pi \times \left(\dfrac{0.3}{2}\right)^2} = 13\,508 \, \text{cd/m}^2 \tag{7.16}$$

と求められる．

(答) (3)

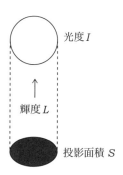

図7.2　輝度は投影面積から見た光源の眩しさの指標

電卓の操作方法

$$E = \frac{\phi}{4\pi r^2} = \frac{12\,000}{4\pi \times 3^2} = \frac{12\,000}{36\pi} = 106.1$$

> 分母は2乗から先に計算しよう！

【カシオ】（税率214.16％に設定する）

| 3 | × | = | 9 |

| × | 4 | 税込 | = | 113.097 6 |

| ÷ | ÷ | 1 | = | 0.008 841 920 6　※逆数計算 |

| × | 12000 | = | 106.103 047 2 |

【シャープ】（税率214％に設定する）

| 3 | × | = | 9 |

| × | 4 | 税込 | = | 113.04 |

| ÷ | = | 0.008 846 426 04　※逆数計算 |

| × | 12000 | = | 106.157 112 48 |

$$I = \frac{\phi}{4\pi} = \frac{12\,000}{4\pi} = 954.9$$

【カシオ】

| 12000 | ÷ | 4 | 税込 | = | 954.927 425 515 |

| M+ | ※光度は後程計算で使用するため保存する. |

【シャープ】

| 12000 | ÷ | 4 | 税込 | = | 955.414 012 738 |

| M+ | ※光度は後程計算で使用するため保存する. |

$$L = \frac{I}{S} = \frac{954.9}{\pi \times \left(\frac{0.3}{2}\right)^2} = 13\,508$$

【カシオ】

| 0 | · | 3 | ÷ | 2 | × | = | 0.022 5 |

税込 0.070 686

| ÷ | ÷ | 1 | = | 14.147 072 970 6　※逆数計算 |

| × | MR | = | 13 509.427 970 3 |

【シャープ】

| 0 | · | 3 | ÷ | 2 | × | = | 0.022 5 |

税込 0.070 65

| ÷ | = | 14.145 428 167 02　※逆数計算 |

| × | RM | = | 13 523.199 047 9 |

(答) (a)(2)，(b)(3)

7.3　税率設定による三相交流回路の計算

　三相交流回路の計算を行うとき，相間の電圧は各相の電圧の$\sqrt{3}$倍となる．そのため，税率を73％に設定しておくと，$\sqrt{3}$の近似値である1.73倍の計算ができる．

[例題7.2]

　各線間の電圧の大きさが等しく，電圧が440 Vとなる対称三相交流回路に，図7.2のような三相負荷を接続したとき，負荷に流れる電流の大きさ[A]及び負荷で消費される電力[kW]を求めよ．ただし各相の負荷のインピーダンス$\dot{Z}$は$10+j30$ Ωとする．

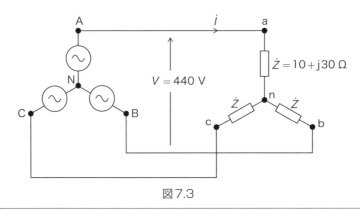

図7.3

解き方

図7.3の対称三相交流回路を，電源の中性点であるNと，負荷の中性点nを結ぶと，図7.4のような一相分の等価回路になる．

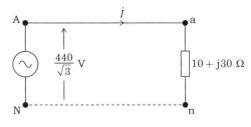

図7.4　一相分の等価回路

端子A-N間の電圧の大きさは線間電圧A-B間の $\dfrac{1}{\sqrt{3}}$ となるので，負荷に流れる電流 I の大きさ [A] は

$$I = \frac{\dfrac{440}{\sqrt{3}}}{\sqrt{10^2 + 30^2}} = \frac{440}{\sqrt{3\,000}} \fallingdotseq 8.033\,3 \text{ A} \qquad (7.17)$$

となる．負荷に流れる電流のうち，消費電力はインピーダンスの実数分に作用するので，三相分の消費電力は一相分の消費電力となることから

$$P = 3I^2 \cdot Re\dot{Z} = 3 \times \left(\frac{440}{\sqrt{3\,000}}\right)^2 \times 10 = 1\,936\ \mathrm{W} \qquad (7.18)$$

と求められる.

電卓の操作方法 (税率を73%に設定する)

$$I = \frac{\dfrac{440}{\sqrt{3}}}{\sqrt{10^2 + 30^2}} = \frac{440}{\sqrt{3\,000}} \fallingdotseq 8.033\,3$$

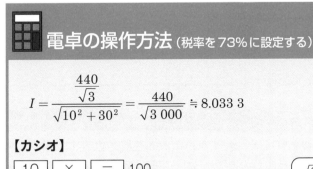

【カシオ】

| 10 | × | = | 100 |

| 30 | × | = | 900 |

| GT | 1 000 |

| √ | 31.622 776 601 6 |

| ÷ | ÷ | 1 | = | 0.031 622 776 6 |

| × | 440 | 税抜 | = | 8.042 787 112 15 |

√3 の入力が省けるが誤差が大きくなることに注意しよう!

【シャープ】

| 10 | × | = | 100 |

| 30 | × | = | 900 |

| GT | 1 000 |

| √ | 31.622 776 601 6 |

| ÷ | = | 0.031 622 776 6 |

| × | 440 | 税抜 | = | 8.042 787 112 15 |

$$P = 3I^2 \cdot Re\dot{Z} = 3 \times \left(\frac{440}{\sqrt{3\,000}} \right)^2 \times 10 = 1\,936 \text{ W}$$

前の計算結果（電流の値）を引用する.

| × | | = | 64.686 424 531 3 |

| × | 3 | × | 10 | = | 1 940.592 735 93 |

（答）　1940.5 W

【電験問題にチャレンジ②】

　図7.5のように, 周波数50 Hz, 電圧200 Vの対称三相交流電源に, インダクタンス7.96 mHのコイルと6 Ωの抵抗からなる平衡三相負荷を接続した交流回路がある. 次の(a)及び(b)の問に答えよ.

(a)　図7.5において, 三相負荷が消費する有効電力P [W]の値として, 最も近いものを次の(1)～(5)のうちから一つ選べ.

   (1)　1 890　　(2)　3 280　　(3)　4 020　　(4)　5 680　　(5)　9 840

(b)　図7.6のように, 静電容量C [F]のコンデンサをΔ結線し, その端子a′, b′及びc′をそれぞれ図7.5の端子a, b及びcに接続した. その結果, 三相交流電源からみた負荷の力率が1になった. 静電容量C [F]の値として, 最も近いものを次の(1)～(5)のうちから一つ選べ.

   (1)　6.28×10^{-5}　　　　(2)　8.88×10^{-5}　　　　(3)　1.08×10^{-4}

   (4)　1.26×10^{-4}　　　　(5)　1.88×10^{-4}

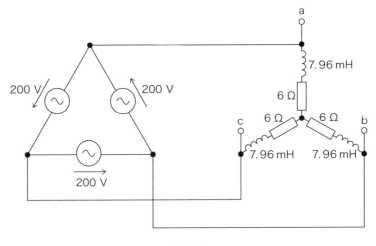

図7.5

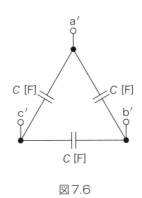

図7.6

【平成25年 電験第3種 理論 問15】

解き方

(a) 回路が対称三相交流であり，三相電源の相電圧の大きさ E は $\dfrac{200}{\sqrt{3}}$ V となる．

よって図7.7のように一相分の等価回路にして計算する．

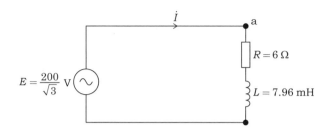

図7.7　一相分の等価回路

インダクタンスがもつ誘導性リアクタンスjX_L [Ω]は

$$jX_L = j\omega L = j2\pi f L = 2\pi \times 50 \times 7.96 \times 10^{-3} \fallingdotseq 2.5 \ \Omega \qquad (7.19)$$

$$Z = \sqrt{R^2 + X_L{}^2} = \sqrt{6^2 + 2.5^2} = 6.5 \ \Omega \qquad (7.20)$$

となり，回路に流れる電流I [A]の大きさは

$$I = \frac{E}{Z} = \frac{\dfrac{200}{\sqrt{3}}}{6.5} \fallingdotseq 17.764 \ \mathrm{A} \qquad (7.21)$$

となる．したがって，三相負荷が消費する有効電力P [W]は

$$P = 3I^2 R = 3 \times 17.764^2 \times 6 = 5\,680 \ \mathrm{W} \qquad (7.22)$$

と求められる．

（答） (4)

(b)　図7.5のコンデンサを容量性リアクタンスにX_C変換し，さらにΔ-Y変換した上で一相分の等価回路を描く．Δ結線の3つの容量性リアクタンスX_Cが同じ場合，Y結線に変換すると，その大きさは$\dfrac{1}{3}$となるため，等価回路は図7.8になる．

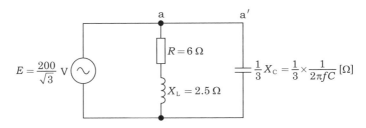

図7.8　コンデンサを接続したときの一相分の等価回路

ここで三相負荷に流れる電流が 17.764 A となるので，インダクタンスに作用する一相分の遅れ無効電力 Q_L [var] は

$$Q_\mathrm{L} = I^2 X_\mathrm{L} = 17.764^2 \times 2.5 \fallingdotseq 788.9 \text{ var} \tag{7.23}$$

となる．このときに負荷の力率が1になるのは，回路全体で無効電力が0となることであり，コンデンサが消費する進み無効電力 Q_C [var] の大きさと，インダクタンスが消費する遅れ無効電力 Q_L [var] の大きさが等しくなればよい．コンデンサに流れる電流は不明だが，電圧 E は $\dfrac{200}{\sqrt{3}}$ V となることで，コンデンサが消費する進み無効電力 Q_C [var] が求められる．したがって

$$Q_\mathrm{L} = Q_\mathrm{C} = \frac{E^2}{\dfrac{X_\mathrm{C}}{3}} = \frac{E^2}{\dfrac{1}{3\omega C}} = 3\omega C E^2 = 6\pi f C E^2 \tag{7.24}$$

となり，静電容量 C [F] の値は

$$C = \frac{Q_\mathrm{L}}{6\pi f E^2} = \frac{788.9}{6\pi \times 50 \times \left(\dfrac{200}{\sqrt{3}}\right)^2} = \frac{788.9 \times 3}{300\pi \times 40\,000} = \frac{788.9 \times 3}{12\pi \times 10^6}$$

$$\fallingdotseq 62.8 \times 10^{-6} = 6.28 \times 10^{-5} \text{ F} \tag{7.25}$$

と求められる．

(答) (1)

分母に「0」が 6 つあるので 10 の 6 乗となり，答は 10 の
6 乗の逆数で 10 のマイナス 6 乗になる！

電卓の操作方法（税率を73%に設定する）

(a)

$$jX_L = j\omega L = j2\pi fL = 2\pi \times 50 \times 7.96 \times 10^{-3} \fallingdotseq 2.5 \ \Omega$$

税率で円周率を設定していないので，$\pi = 3.14$ として計算する．

2	×	50	×	3	・	14	×	7	・

96	÷	1000	=	2.499 44

$$Z = \sqrt{R^2 + X_L{}^2} = \sqrt{6^2 + 2.5^2} = 6.5 \ \Omega$$

前の計算結果（容量性リアクタンスX_Lの大きさ）を引用する．

×	M+	6.247 200 313 6

6	×	M+	36

MR	42.247 200 313 6

√	6.499 784 635 93

$$I = \frac{E}{Z} = \frac{\dfrac{200}{\sqrt{3}}}{6.5} \fallingdotseq 17.764 \ A$$

前の計算結果（インピーダンスZの大きさ）を引用する．

【カシオ】

÷	÷	1	=	0.153 851 251 38

×	200	税抜	=	17.786 271 837

【シャープ】

| ÷ | | = | 0.153 851 251 38 |

| × | 200 | 税抜 | = | 17.786 271 837 |

$$P = 3I^2R = 3 \times 17.764^2 \times 6 = 5\,680\text{ W}$$

前の計算結果（電流 I の値）を引用する.

| × | | = | 316.351 465 82 |

| × | 3 | × | 6 | = | 5 694.326 385 46 |

(b)

$$Q_L = I^2 X_L = 17.764^2 \times 2.5 ≒ 788.9\text{ var}$$

先に求めた電流 I の値 17.786 A を使用して計算する.

| 17 | · | 786 | × | = | 316.341 796 |

| × | 2 | · | 5 | = | 790.854 49 |

$$C = \frac{Q_L}{6\pi f E^2} = \frac{788.9}{6\pi \times 50 \times \left(\dfrac{200}{\sqrt{3}}\right)^2} = \frac{788.9 \times 3}{300\pi \times 40\,000} = \frac{788.9 \times 3}{12\pi \times 10^6}$$

$$≒ 62.8 \times 10^{-6} = 6.28 \times 10^{-5}\text{ F}$$

前の計算結果（無効電力 Q_L の大きさ）を引用する.

| × | 3 | ÷ | 12 | ÷ | 3 | · | 14 | = |

62.966 121 815 2

(答) (a)(4)　(b)(1)

　三相交流の計算において $\sqrt{3}$ の入力を簡略化するために税率設定をすることもできるが，誤差が大きくなることにも注意したい．なお電験第3種の場合は択一式の解答となり，最も近い値を選べばよいので，計算上の誤差についてはあまり神経質にならなくてもよい．いずれにしろ，税率に計算しやすい値をあらかじめ設定しておくと，計算時間が短くなる．

πと $\sqrt{3}$，使いやすい方を税率に設定しておこう！

累乗・累乗根の計算

8.1 累乗の計算

定数 a の右肩に添えられている小さな数を指数という．指数が正の整数である場合は，定数 a を指数の回数だけ掛け合わせる意味をもつ．

$$a^2 = a \times a \tag{8.1}$$

$$a^3 = a \times a \times a \tag{8.2}$$

指数が負の場合は定数の逆数を，指数の回数だけ掛け合わせる（1を指数の絶対値の回数だけ割る）意味をもつ．

$$a^{-3} = \frac{1}{a \times a \times a} \tag{8.3}$$

[例題8.1]

次の数を計算せよ．

(1) 3^5　　　　(2) 10^{-3}　　　　(3) $2^4 + 6^3$

(4) $(j2)^3$　　　　(5) $\left(\sqrt{5}\right)^2$　　　　(6) $\left(5\sqrt{2}\right)^2$

解き方

(1)は3を5回掛け合わせるだけでよく，乗算の定数計算を使えば素早く計算できる．

(2)は10を3回掛け合わせた値の逆数となるが，除算の定数計算でも計算できる．

(3)は2の4乗に6の3乗を加えた数となる．各々の数の累乗を求める必要があるため独立メモリーを活用する．

(4)は虚数なので符号に注意する必要がある．具体的には

$$j^1 = j \tag{8.4}$$

$$j^2 = -1 \tag{8.5}$$

$$j^3 = (-1) \times j = -j \tag{8.6}$$

$$j^4 = (-1) \times (-1) = 1 \tag{8.7}$$

である．

(5)は平方根を 2 乗することで，$\sqrt{}$ を外すことができる．式に表すと

$$\left(\sqrt{5}\right)^2 = 5 \tag{8.8}$$

となり，電卓を操作することなく答えが求められる．

(6)は(5)に倣って平方根の 2 乗は $\sqrt{}$ を外すと 2 となるため，2 に 5 の 2 乗を乗じることで解が求められる．

$$5^2 \times \left(\sqrt{2}\right)^2 = 5 \times 5 \times 2 = 50 \tag{8.9}$$

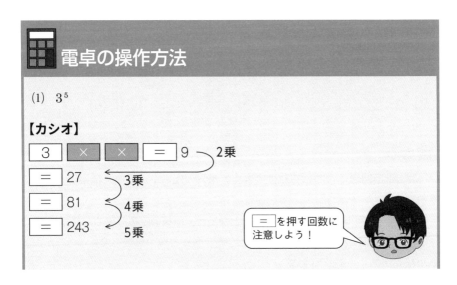

電卓の操作方法

(1)　3^5

【カシオ】

【シャープ】

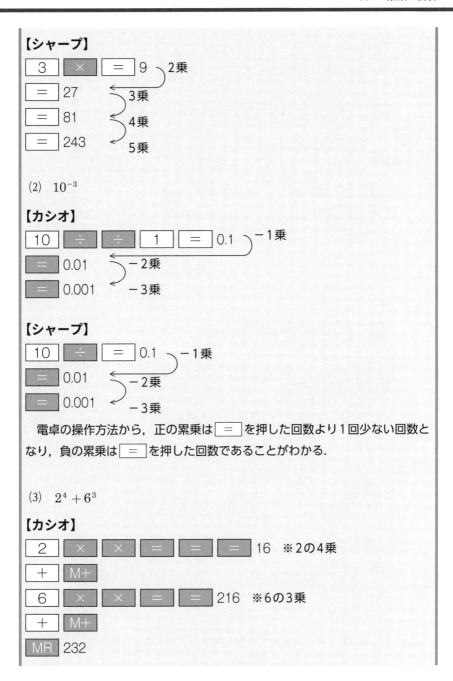

3 × = 9 ⎱ 2乗
= 27 ⎱ 3乗
= 81 ⎱ 4乗
= 243 ⎱ 5乗

(2) 10^{-3}

【カシオ】

10 ÷ ÷ 1 = 0.1 ⎱ −1乗
= 0.01 ⎱ −2乗
= 0.001 ⎱ −3乗

【シャープ】

10 ÷ = 0.1 ⎱ −1乗
= 0.01 ⎱ −2乗
= 0.001 ⎱ −3乗

　電卓の操作方法から，正の累乗は = を押した回数より1回少ない回数となり，負の累乗は = を押した回数であることがわかる.

(3) $2^4 + 6^3$

【カシオ】

2 × × = = = 16 ※2の4乗
+ M+
6 × × = = 216 ※6の3乗
+ M+
MR 232

【シャープ】

2　×　=　=　=　16　※2の4乗
M+

6　×　=　=　216　※6の3乗
M+

RM　232

　カシオの場合，定数計算モードの状態が残ったまま M+ ・ M− を押すと，さらに累乗された値が独立メモリーに保存されてしまう．そのため独立メモリーに保存する前に ＋ を押して定数計算モードを解除してから保存する．

(4)　$(j2)^3$

【カシオ】

2　×　×　=　=　8　※2の3乗

【シャープ】

2　×　=　=　8　※2の3乗

　$j^3 = -j$ であることに注意し，答は $-j8$ とする．

(5)　$\left(\sqrt{5}\right)^2 = 5$

　電卓の操作なし．5

(6)　$\left(5\sqrt{2}\right)^2 = 5^2 \times \left(\sqrt{2}\right)^2 = 5 \times 5 \times 2 = 50$

5　×　=　25

×　2　=　50

（答）　(1)　**243**　(2)　**0.001**　(3)　**232**　(4)　**−j8**　(5)　**5**　(6)　**50**

8.2 10の累乗に指数関数法則を適用する

電気数学ではとにかく大きい数，小さい数が頻出する．単位に注目すると10の累乗にあたるSI接頭語と呼ばれる文字が添えられている．これは大小様々な数字を記号化することで，10の累乗を省略することができる．例えば，

[GJ] $= 10^9$ J $= 1\ 000\ 000\ 000$ J

[MW] $= 10^6$ W $= 1\ 000\ 000$ W

[kV] $= 10^3$ V $= 1\ 000$ V

[mA] $= 10^{-3}$ A $= 0.001$ A

$[\mu\text{F}] = 10^{-6}$ F $= 0.000\ 001$ F

真空の透磁率 $\mu_0 = 4\pi \times 10^{-7}$ H/m $= 0.000\ 001\ 256$ H/m

真空の誘電率 $\varepsilon_0 = 8.85 \times 10^{-12}$ F/m $= 0.000\ 000\ 000\ 008\ 85$ F/m

10のマイナス12乗は12桁の電卓で入力できない！

となる．当然これらの数は問題として出てくるのだが，数をいちいち電卓で入力すると時間がかかるし，0を数える煩わしさがある．特に真空の誘電率はあまりの小ささから電卓に入力することができない．

ここで指数関数の法則を確認しておきたい．以下の法則がある．

$$x^a \times x^b = x^{(a+b)} \tag{8.10}$$

$$x^a \div x^b = x^{(a-b)} \tag{8.11}$$

$$\left(x^a\right)^b = x^{ab} \tag{8.12}$$

すなわち計算過程において大小様々な数が出てきた場合も，指数関数の法則によって10の累乗をまとめるとよい．SI接頭語と数の大きさの関係については表8.1にまとめたので，参考にしてほしい．

表8.1 SI接頭語と数の大きさ

SI	T	G	M	k	h	D
接頭語	テラ	ギガ	メガ	キロ	ヘクト	デカ
大きさ	10^{12}	10^{9}	10^{6}	10^{3}	10^{2}	10

SI	d	c	m	μ	n	p
接頭語	デシ	センチ	ミリ	マイクロ	ナノ	ピコ
大きさ	10^{-1}	10^{-2}	10^{-3}	10^{-6}	10^{-9}	10^{-12}

[例題8.2]

　静電容量80 μFのコンデンサを交流電源に接続した．このときの容量性リアクタンスの大きさ[Ω]を求めよ．ただし電源の周波数は50 Hzとする．

解き方

　コンデンサを交流回路に接続したときの容量性リアクタンスX_Cは

$$X_\mathrm{C} = \frac{1}{2\pi f C} \tag{8.13}$$

で求められる．数値を代入すると

$$X_\mathrm{C} = \frac{1}{2\pi f C} = \frac{1}{2\pi \times 50 \times 80 \times 10^{-6}}\ \Omega \tag{8.14}$$

となり，$8\,000 = 8 \times 10^{3}$ であることに注意して分母の10の累乗をまとめると

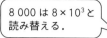
8 000 は 8×10^3 と読み替える．

$$X_\mathrm{C} = \frac{1}{2\pi \times 50 \times 80 \times 10^{-6}} = \frac{1}{8\,000\pi \times 10^{-6}} = \frac{1}{8\pi \times 10^{-3}} = 39.8\ \Omega \tag{8.15}$$

となる．この状態で電卓を操作すると計算しやすい．分母が10^{-3}なので8πに0.001を掛けるか，10^{-3}の逆数をとって$10^{3} = 1\,000$を8πで割るか，2通りの考え方ができる．

電卓の操作方法

【カシオ】（税率214.16 %に設定する）

| 8 | 税込 | × | ・ | 001 | = | 0.025 132 8 |

| ÷ | ÷ | 1 | = | 39.788 642 729 8　※逆数計算 |

| 1000 | 税抜 | ÷ | 8 | = | 39.788 642 729 8　※1 000÷8π |

【シャープ】（税率214 %に設定する）

| 8 | 税込 | × | ・ | 001 | = | 0.025 12 |

| ÷ | = | 39.808 917 197 4　※逆数計算 |

| 1000 | 税抜 | ÷ | 8 | = | 39.808 917 197 4　※1 000÷8π |

（答）　39.8 Ω

【電験問題にチャレンジ】

　ある河川のある地点に貯水池を有する水力発電所を設ける場合の発電計画について，次の(a)及び(b)の問に答えよ．

(a)　流域面積を15 000km^2，年間降水量750 mm，流出係数0.7とし，年間の平均流量の値[m^3/s]として，最も近いものを次の(1)～(5)のうちから一つ選べ．

(1)　25　　　　(2)　100　　　　(3)　175　　　　(4)　250　　　　(5)　325

(b)　この水力発電所の最大使用水量を小問(a)で求めた流量とし，有効落差100 m，水車と発電機の総合効率を80 %，発電所の年間の設備利用率を60 %としたとき，この発電所の年間発電電力量の値[kW·h]に最も近いものを次の(1)～(5)のうちから一つ選べ．

・年間発電電力量 [kW·h]

(1)　100 000 000　　　　(2)　400 000 000　　　　(3)　700 000 000

(4)　1 000 000 000　　　　(5)　1 300 000 000

―――――――――――――――――――――――――［令和2年 電験第3種 電力 問15］

解き方

(a)　年間の平均流量 Q を求めるにあたり，貯水池の体積 V を求める必要がある．流域面積 S と年間降水量 h の積が体積 V となる．

$$V = Sh = 15\,000 \times 10^6 \times 750 \times 10^{-3} = 15\,000 \times 750 \times 10^3$$
$$= 15 \times 10^3 \times 750 \times 10^3 = 11\,250 \times 10^6 \text{ m}^3 \tag{8.16}$$

次に時間 t は1年となるので，これが何秒であるかを求める．

$$t = 365 \times 24 \times 60 \times 60 = 31\,356\,000 = 31.536 \times 10^6 \text{ s} \tag{8.17}$$

流量 Q は流出係数に注意して

$$Q = \frac{kV}{t} = \frac{0.7 \times 11\,250 \times 10^6}{31.536 \times 10^6} = 249.71 \text{ m}^3/\text{s} \tag{8.18}$$

(答) ⑷

(b)　水力発電所の出力 P [kW] は

$$P = 9.8QH\eta \text{ [kW]} = 9.8 \times 249.71 \times 100 \times \frac{80}{100} \fallingdotseq 195\,773 \text{ kW} \tag{8.19}$$

となる．式 (8.19) の9.8は重力加速度 $[\text{m/s}^2]$ であり，流量 Q と落差 H を掛け合わせることで，水車発電所の出力が [kW] で求められる．理由は水の密度 $1\,000$ kg/m^3 が式 (8.19) から省略されているためである．

　年間の発電電力量は単位が [kW·h] と1時間あたりとなっていることと，設備利用率 $a = 60$ %であることに注意して

$$W = 195\,773 \times 365 \times 24 \times \frac{60}{100} \fallingdotseq 1\,028\,982\,888 \text{ kW·h} \tag{8.20}$$

と求められる．電卓の液晶に着目すると，3桁ごとにコンマ（ ' ）で区切られている．よって10の累乗は指数を3の倍数でまとめると理解しやすい．

(答) ⑷

電卓の操作方法

$V = Sh = 15\,000 \times 10^6 \times 750 \times 10^{-3} = 15\,000 \times 750 \times 10^3$

$\quad = 15 \times 10^3 \times 750 \times 10^3 = 11\,250 \times 10^6$

| 15 | × | 750 | = | 11 250 |

| M+ |

> $10^3 \times 10^3 = 10^{(3+3)} = 10^6$
> となる

$t = 365 \times 24 \times 60 \times 60 = 31\,356\,000 = 31.536 \times 10^6$

| 365 | × | 24 | × | 60 | × | 60 | = | 31 536 000 |

| ÷ | 1000000 | = | 31.536 | ※ 10^6 で割る

$Q = \dfrac{kV}{t} = \dfrac{0.7 \times 11\,250 \times 10^6}{31.536 \times 10^6} = 249.71$

【カシオ】

| ÷ | ÷ | 1 | = | 0.031 709 791 98 |

| × | • | 7 | × | MR | = | 249.714 611 842 |

【シャープ】

| ÷ | = | 0.031 709 791 98 |

| × | • | 7 | × | RM | = | 249.714 611 775 |

$W = 195\,773 \times 365 \times 24 \times \dfrac{60}{100} \fallingdotseq 1\,028\,982\,888 \ \mathrm{kW \cdot h}$

【カシオ】

| × | 9 | • | 8 | × | 100 | × | 80 | % |

195 776.255 684

| × | 365 | × | 24 | × | 60 | % | 1 028 999 999.87 |

【シャープ】

| × | 9 | · | 8 | × | 100 | × | 80 | % |

195 776.255 631

| × | 365 | × | 24 | × | 60 | % | 1 028 999 999.59 |

(答) (a)(4)，(b)(4)

8.3 累乗根の計算

　指数が分数で表記されていることがあるが，これは累乗根といい，累乗と逆の計算を行う．すなわち

$$a^{\frac{1}{2}} = \sqrt{a} \tag{8.21}$$

$$a^{\frac{1}{3}} = \sqrt[3]{a} \tag{8.22}$$

$$\sqrt[n]{a^m} = a^{\frac{m}{n}} \tag{8.23}$$

となる．

［例題 8.3］

　次の数を計算せよ．

(1) $289^{\frac{1}{2}}$　　(2) $9^{\frac{3}{2}}$　　(3) $16^{\frac{5}{4}}$　　(4) $0.01^{\frac{5}{2}}$　　(5) $\left(\dfrac{2\,401}{81}\right)^{\frac{3}{4}}$

解き方

(1)は式（8.21）より

$$289^{\frac{1}{2}} = \sqrt{289} = 17 \tag{8.24}$$

(2)は指数の分子が3，分母が2であることから式（8.23）より

$$9^{\frac{3}{2}} = \left(\sqrt{9}\right)^3 = 9 \times \sqrt{9} = 9 \times 3 = 27 \tag{8.25}$$

(3)は指数の分子が5，分母が4であることから式（8.23）より

$$16^{\frac{5}{4}} = \left(\sqrt[4]{16}\right)^5 = 16 \times \sqrt[4]{16} = 16 \times \sqrt{\sqrt{16}} = 32 \tag{8.26}$$

(4)は指数の分子が5，分母が2であることから式（8.23）より

$$0.01^{\frac{5}{2}} = \left(\sqrt{0.01}\right)^5 = 0.1^5 = 0.000\,01 \tag{8.27}$$

(5)は指数の分子が3，分母が4であることから式（8.23）より

$$\left(\frac{2\,401}{81}\right)^{\frac{3}{4}} = \left(\sqrt[4]{\frac{2\,401}{81}}\right)^3 = \left(\frac{7}{3}\right)^3 = \frac{343}{27} \fallingdotseq 12.704 \tag{8.28}$$

　指数関数が分数の場合でも，電卓で計算ができるものがある．電験問題では電卓で計算できる指数関数がほとんどである．

 電卓の操作方法

$$289^{\frac{1}{2}} = \sqrt{289} = 17$$

| 289 | √ | 17

$$9^{\frac{3}{2}} = \left(\sqrt{9}\right)^3 = 9 \times \sqrt{9} = 9 \times 3 = 27$$

| 9 | × | √ | = | 27

$$16^{\frac{5}{4}} = \left(\sqrt[4]{16}\right)^5 = 16 \times \sqrt[4]{16} = 16 \times \sqrt{\sqrt{16}} = 32$$

| 16 | × | √ | √ | = | 32 |

$$0.01^{\frac{5}{2}} = \left(\sqrt{0.01}\right)^5 = 0.1^5 = 0.000\,01$$

【カシオ】

| · | 01 | √ | × | × | = | = | = | = | 0.000 01 |

【シャープ】

| · | 01 | √ | × | = | = | = | = | 0.000 01 |

$$\left(\frac{2\,401}{81}\right)^{\frac{3}{4}} = \left(\sqrt[4]{\frac{2\,401}{81}}\right)^3 = \left(\frac{7}{3}\right)^3 = \frac{343}{27} ≒ 12.704$$

【カシオ】

| 2401 | ÷ | 81 | = | 29.641 975 308 6 |

| √ | √ | × | × | = | = | 12.703 703 703 6 |

【シャープ】

| 2401 | ÷ | 81 | = | 29.641 975 308 6 |

| √ | √ | × | = | = | 12.703 703 703 6 |

(答)　(1) **17**　　(2) **27**　　(3) **32**　　(4) **0.000 01**　　(5) **12.704**

【電験問題にチャレンジ】

水車発電機の定格回転速度の選定の考え方に関して，次の問に答えよ．

周波数60 Hzの系統の地点において，有効落差162 m，出力40 MWのフランシス水車1台を設置する場合，最も適切な水車の定格回転速度 [min⁻¹] 及び発電機の極数を求めたい．

(1) フランシス水車において，適用できる比速度と有効落差の関係が，式（8.29）によって表されるとき，次式に基づき算出される回転速度の上限値を求めよ．

$$n_\mathrm{s} \leqq \frac{23\,000}{H+30} + 40 \tag{8.29}$$

ただし，n_s：比速度（m·kW基準），H：有効落差[m]とする．

なお，比速度n_sは，出力P [kW]，回転速度N [min⁻¹]としたとき，式（8.30）で与えられる．

$$n_\mathrm{s} = \frac{N \times P^{\frac{1}{2}}}{H^{\frac{5}{4}}} \tag{8.30}$$

(2) 発電機の極数及び定格回転速度を導出せよ．

―――――――――――――【令和2年 電験第2種 二次試験 電力・管理 問1 改題】

電験第2種の二次試験の問題となるが，電卓の操作方法を覚えるという意味で問題に取り組んでほしい．解答は有効数字3桁で，有効数字の4桁目は四捨五入とするが，小問(1)の場合は上限値を求めるため，有効数字の4桁目を切り捨てて解答しないと誤答となる．また，比速度がm·kW基準となっていることから，出力40 MWは40×10³ kWとして計算を進めるよう注意してほしい．

解き方

(1) 式（8.29）に問題の数値を当てはめると

$$n_\mathrm{s} \leqq \frac{23\,000}{H+30} + 40 = \frac{23\,000}{162+30} + 40 \fallingdotseq 159.79 \ \mathrm{m\cdot kW} \tag{8.31}$$

比速度を式（8.26）に代入し，回転速度の限界値 $N_{\max}$ を求めると

$$162^{\frac{5}{4}} = 162 \times \sqrt[4]{162}$$
となる！

$$N_{\max} = \frac{n_{\mathrm{s}} \times H^{\frac{5}{4}}}{P^{\frac{1}{2}}} = \frac{159.79 \times 162^{\frac{5}{4}}}{\sqrt{40 \times 10^3}} \fallingdotseq 461.76 \ \mathrm{min}^{-1} \qquad (8.32)$$

（答）　461 min⁻¹

(2)　水車発電機の極数は偶数であり，かつ回転速度が限界値を超過しないように設計しなければならない．

$$N = \frac{120f}{p}$$

$$p > \frac{120f}{N_{\max}} = \frac{120 \times 60}{461.76} \fallingdotseq 15.59$$

15.59 より大きい直近の偶数は 16 となるので，これが極数となる．このときの定格回転速度は

$$N = \frac{120f}{p} = \frac{120 \times 60}{16} = 450 \ \mathrm{min}^{-1}$$

（答）　450 min⁻¹

複雑に式が絡むものについては，式（8.27）のような分母に加算がある場合は分母を先に計算してから逆数計算を行う，式（8.28）のような累乗根が含まれる分数は分子の累乗根から先に計算するなど，複雑な式から計算する方が電卓操作の手数としては少なくなる．どうすれば少ない手数で電卓での計算ができるかは，実際に問題を解きながら慣れてほしい．

電卓の操作方法

$$n_\mathrm{s} \leqq \frac{23\,000}{H+30} + 40 = \frac{23\,000}{162+30} + 40 \fallingdotseq 159.79$$

【カシオ】

| 162 | + | 30 | = | 192 |

| ÷ | ÷ | 1 | = | 0.005 208 333 33 |

| × | 23000 | + | 40 | = | 159.791 666 59 |

【シャープ】

| 162 | + | 30 | = | 192 |

| ÷ | = | 0.005 208 333 33 |

| × | 23000 | + | 40 | = | 159.791 666 59 |

$$N_\mathrm{max} = \frac{n_\mathrm{s} \times H^{\frac{5}{4}}}{P^{\frac{1}{2}}} = \frac{159.79 \times 162^{\frac{5}{4}}}{\sqrt{40 \times 10^3}} \fallingdotseq 461.76$$

> $162 \times \sqrt[4]{162}$ を求める
> ときは，162 ×
> と押したあと，改め
> て162 を押さなくて
> よい．

M+

| 162 | × | √ | √ | × | MR | ÷ | 40000 | √ | = |

461.761 689 988

$$p > \frac{120f}{N_{\max}} = \frac{120 \times 60}{461.76} = 15.59$$

【カシオ】

÷	÷	1	=	0.002 165 619 23
×	120	×	60	=	15.592 458 456

【シャープ】

÷	=	0.002 165 619 23
×	120	×	60	=	15.592 458 45

$$N = \frac{120f}{p} = \frac{120 \times 60}{16} = 450$$

120	×	60	÷	16	=	450

(答) (1) **461 min^{-1}**　　(2) **450 min^{-1}**

コラム3

公式の考え方

　電験三種を合格するにあたって，数多くの公式が登場します．これを一つでも多く覚えることが合格への近道となるのですが，当日の試験は時間に追われ，公式を忘れてしまった，なんてことがよくあります．また，試験対策として必死になって過去問題を解いたにも関わらず，見たことのない問題や，解き方のアプローチがわからない問題が登場すると行き詰まることもあります．

　公式を忘れてしまった，となった場合は一旦落ち着いて，単位に注目しましょう．

　例えば本書第8講座の電験問題，令和2年電験第3種電力問15の(a)について考えてみましょう．

　求める解答は流量 Q，単位は $[\mathrm{m^3/s}]$ となります．次に，問題が与える数値は，流域面積 S を15 000 km^2，年間降水量 h を750 mm，流出係数 k を0.7としています．これを一旦単位のみに注目して整理すると

$$Q = \frac{\mathrm{km^2 \times mm}}{\mathrm{s}} = \frac{\left(10^3\right)^2 \mathrm{m^2} \times 10^{-3}\,\mathrm{m}}{\mathrm{s}} = 10^3\ \mathrm{m/s}$$

と，なります．なお，流出係数は単位がありません．ですから流量の式に乗じてください．

　では流量の式を問題の通りに当てはめます．降水量は年間で表され，流量の単位は秒 [s] で表されていますから，年間時間を秒に変換する必要があります．1年が365日，1日が24時間，1時間が60分，1分が60秒であるので，分母を整理すると流量の式は

$$Q = \frac{kSh}{365 \times 24 \times 60 \times 60} = \frac{0.7 \times 15\,000 \times 750}{31\,536\,000} \times 10^3 = 249.71\ \mathrm{m^3/s}$$

となります．水力発電所の流量を求める公式がなくても，単位で考えることで答えを導き出すことができます．

　電力を求める式についても整理してみましょう．基本式は

$P = VI \, [\mathrm{W}]$

となりますが，基本式に $I = \dfrac{V}{R}$ を代入すると

$P = V \times \dfrac{V}{R} = \dfrac{V^2}{R} \, [\mathrm{W}]$

と変形することができますし，基本式に $V = RI$ を代入すると

$P = IR \times I = I^2 R \, [\mathrm{W}]$

と変形することができます．これらを覚えておけば問題を速く解くことができますが，忘れてしまった場合も代入することによって導き出すことができます．

　公式はできる限り覚えた方がよいのですが，覚えることに限界を感じた場合は，必要最低限の公式を覚え，単位に注目しながら複雑な公式は後から導き出す，という手法を取っても良いのかもしれません．

索 引

―― 著 者 紹 介 ――

宅間　博之（たくま　ひろゆき）

第2種電気主任技術者　エネルギー管理士
工業高校卒業後に電気保安法人へ就職．保安管理業務に従事する傍ら，同僚が現場や事務手続き，工程管理等で潜在的に抱える不安を取り除くことに力を入れている．
趣味でDJを嗜むことからか，人前に立ってプレゼンテーションを行うことに抵抗感がなく，講義を行うと解りやすい内容で好評を博している．

Takuma先生の電験電卓講座 ～電験3種編～

2023年 2月 8日　　第 1 版第 1 刷発行
2024年 2月16日　　第 1 版第 2 刷発行

著　者　宅　間　博　之
発 行 者　田　中　　聡

発　行　所
株式会社 電 気 書 院
ホームページ　www.denkishoin.co.jp
（振替口座　00190-5-18837）
〒101-0051　東京都千代田区神田神保町1-3 ミヤタビル2F
電話(03)5259-9160／FAX(03)5259-9162

印刷　中央精版印刷株式会社　DTP　Mayumi Yanagihara
Printed in Japan／ISBN978-4-485-12038-5

● 落丁・乱丁の際は，送料弊社負担にてお取り替えいたします．

[本書の正誤に関するお問い合せ方法は，最終ページをご覧ください]

書籍の正誤について

万一，内容に誤りと思われる箇所がございましたら，以下の方法でご確認いただきますよう
お願いいたします.

なお，正誤のお問合せ以外の書籍の内容に関する解説や受験指導などは**行っておりません**.
このようなお問合せにつきましては，お答えいたしかねますので，予めご了承ください.

正誤表の確認方法

最新の正誤表は，弊社Webページに掲載しております.
「キーワード検索」などを用いて，書籍詳細ページをご
覧ください.
正誤表があるものに関しましては，書影の下の方に正誤
表をダウンロードできるリンクが表示されます. 表示さ
れないものに関しましては，正誤表がございません.

弊社Webページアドレス
https://www.denkishoin.co.jp/

正誤のお問合せ方法

正誤表がない場合，あるいは当該箇所が掲載されていない場合は，書名，版刷，発行年月
日，お客様のお名前，ご連絡先を明記の上，具体的な記載場所とお問合せの内容を添えて，
下記のいずれかの方法でお問合せください.
回答まで，時間がかかる場合もございますので，予めご了承ください.

郵便で 問い合わせる	郵送先	〒101-0051 東京都千代田区神田神保町1-3 ミヤタビル2F ㈱電気書院　出版部　正誤問合せ係
FAXで 問い合わせる	ファクス番号	**03-5259-9162**
ネットで 問い合わせる	弊社Webページ右上の「**お問い合わせ**」から **https://www.denkishoin.co.jp/**

お電話でのお問合せは，承れません

(2021年6月現在)